Thomae · Perspektive und Axonometrie

Reiner Thomae

Perspektive und Axonometrie

7. Auflage

Verlag W. Kohlhammer

Die Deutsche Bibliothek - CIP-Einheitsaufnahme

Thomae, Reiner:

Perspektive und Axonometrie/Reiner Thomae.
– 7. Auflage –
Stuttgart ; Berlin ; Köln : Kohlhammer, 2001
  ISBN 978-3-8348-1660-3   ISBN 978-3-322-95328-5 (eBook)
  DOI 10.1007/978-3-322-95328-5

7. Auflage 2001

Alle Rechte vorbehalten
© 1976 W. Kohlhammer GmbH
Stuttgart Berlin Köln
Verlagsort: Stuttgart
Umschlag: Data Images GmbH
Gesamtherstellung:
W. Kohlhammer Druckerei GmbH+Co. Stuttgart

Vorwort

Die Fotografie hat die perspektivische Zeichnung für bestehende Objekte entbehrlich gemacht.
Nicht ersetzbar ist die Perspektive für die räumliche Darstellung geplanter Objekte, welche üblicherweise in Grund- und Aufriß gegeben sind.
Diese Perspektivlehre ist daher vor allem für diejenigen gedacht, welche sich mit der Planung neuer Objekte befassen – für Architekten und Designer, aber auch für den interessierten Laien. Vorkenntnisse sind nicht erforderlich.

Auf schwierige und selten verwendbare Konstruktionen wurde verzichtet, dagegen wurde besonderer Wert darauf gelegt, das Wesentliche – leicht verständlich – darzustellen.
Die Zeichnung wurde dem geschriebenen Wort vorgezogen – nur was nicht zu zeichnen ist, ist so kurz wie möglich beschrieben.
Jede Konstruktion wird zuerst am einfachsten Objekt – dem Würfel – erläutert; danach werden praktische Beispiele gegeben.

Neben der Perspektive sind einfache Ersatzverfahren beschrieben. Die Axonometrien sind Perspektiven aus unendlicher Entfernung – in vielen Fällen sind die schnellen Konstruktionen der exakten Perspektive vorzuziehen.
Die meisten Objekte sind unter unterschiedlichen Bedingungen und in verschiedenen Verfahren abgebildet, so daß der Leser sich selbst ein Urteil über deren Zweckmäßigkeit bilden kann.

Inhalt

Begriffe der Perspektive und ihre Kürzel 8
Die drei Projektionsverfahren 9

Perspektive

Einführung

1. Die Entstehung zentralprojizierter Bilder 10
2. Grundbegriffe 12
3. Sehstrahlenkonstruktion 15
4. Fluchtpunkte 20

Fluchtpunkte auf dem Horizont

5. Zentralperspektive 24
   Innenraum 33
6. Übereckperspektive 34
7. Der Kreis 45
8. Mehrere Horizontalfluchtpunkte 50
9. Der Distanzpunkt 54

Fluchtpunkte über/unter dem Horizont

10. Rampenfluchtpunkte 58
11. Geneigte Bildebene 66
12. Schatten 70
   Sonnenstrahlen parallel zur Bildebene 72
   Sonne hinter dem Betrachter 76

Axonometrie

1. Die vier wichtigsten axonometrischen Verfahren ... 83
2. Allgemeine Objekte 84
3. Zentralsymmetrische Objekte 89
4. Zwei Konstruktionsmethoden 92
5. Der Kreis 94
6. Innenraum 96
7. Schatten 98

Begriffe der Perspektive und ihre Kürzel

A	Augpunkt	12
α	Neigungswinkel einer schiefen Ebene	23/58
be	Bildebene	12
β	Blickwinkel/Blickkreis	11/14
d	Distanz	14
D	Distanzpunkt	54
$F_{1,2}$	Fluchtpunkte für horizontale Gerade weder parallel noch senkrecht zur Bildebene	22/34
F_r	Fluchtpunkte für geneigte Gerade (Rampen)	23/58
FS	Fußpunkt Sonne für horizontale Flächen	70/76
$FS_{1,2}$	Fußpunkt Sonne für vertikale Flächen	76
F_v	Fluchtpunkte für vertikale Gerade bei geneigter Bildebene	66
gr	Grundebene	12
H	Hauptpunkt, Bildmittelpunkt, Fluchtpunkt für Gerade senkrecht zur Bildebene	14
h	Aughöhe	12
ho	Horizont	14
m	Maßvertikale	24
S	Bild der Sonne	70
St	Standort	12
P	Bild eines Objektpunktes (große Buchstaben)	
FP	Fußpunkt von „P" auf einer schattenempfangenden Ebene	70
SP	Schattenpunkt von „P"	70

Die drei Projektionsverfahren

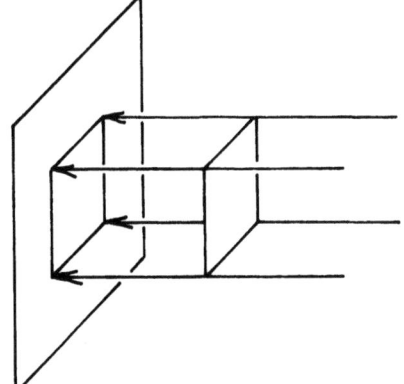

Senkrechte Parallelprojektion
(Orthogonalprojektion)
- Die parallelen Projektionsstrahlen treffen senkrecht auf die Bildebene.
- Alle Strecken und Flächen parallel zur Bildebene erscheinen in wahrer Größe.
- Die Größe des Bildes ist unabhängig von der Entfernung des Objektes zur Bildebene.
- Zu jedem Raumpunkt gehört ein Bildpunkt, jedoch gehören zu jedem Bildpunkt unendlich viele Raumpunkte, welche alle auf dem Projektionsstrahl liegen. Es ist daher notwendig, einen Objektpunkt auf mindestens zwei (nicht parallele) Bildflächen zu projizieren, um ihn eindeutig festzulegen. Die senkrechte Parallelprojektion wird auch als Zwei-Tafel-Projektion bezeichnet. Die aufeinander senkrecht stehenden Tafeln sind normalerweise Grund- und Aufriß.
- Der Aufriß kann entfallen, wenn im Grundriß die Höhe eines jeden Punktes durch Koten angegeben wird – dieses Darstellungsverfahren heißt kotierte Projektion.
- Die senkrechte Parallelprojektion ist das Darstellungsverfahren für Konstruktionszeichnungen.

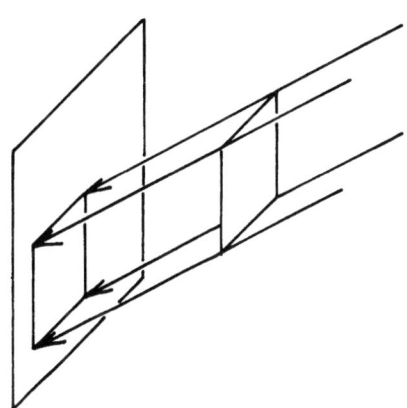

Schräge Parallelprojektion (Axonometrie)
- Die parallelen Projektionsstrahlen treffen schräg von oben auf Objekt und Bildebene.
- Die Größe des Bildes ist unabhängig von der Entfernung des Objektes zur Bildebene.
- Dieses Projektionsverfahren ist ein Ersatz für die exakte Perspektive.
  Die Axonometrien sind schnell und einfach zu konstruieren; sie entsprechen Perspektiven aus unendlicher Entfernung.

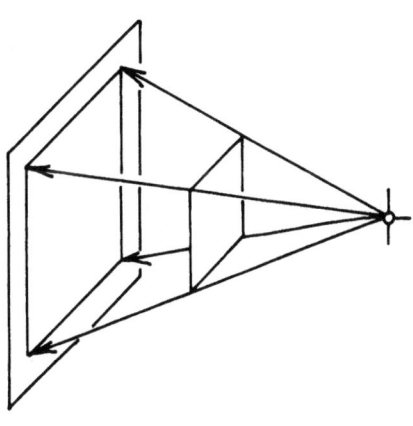

Zentralprojektion (Perspektive)
- Die Projektionsstrahlen gehen von einem Projektionszentrum aus.
- Die Größe des Bildes ist abhängig von der Entfernung des Objektes zur Bildebene.
- Das Bild entspricht dem Eindruck des Auges mit einem Unterschied:
- die Bildfläche des Auges ist eine Hohlkugel, die Bildfläche der Perspektive – wie auch der Fotografie – ist eine Ebene.

Perspektive
Zentralprojektion

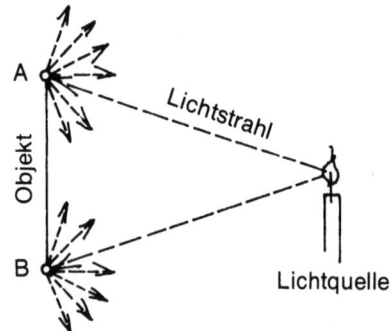

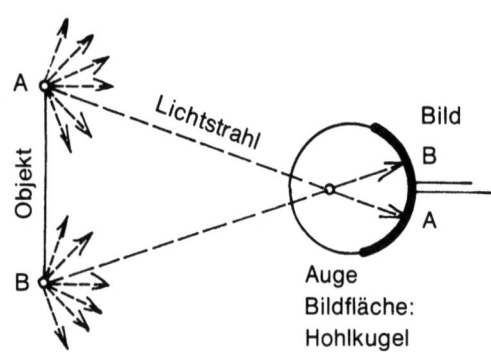

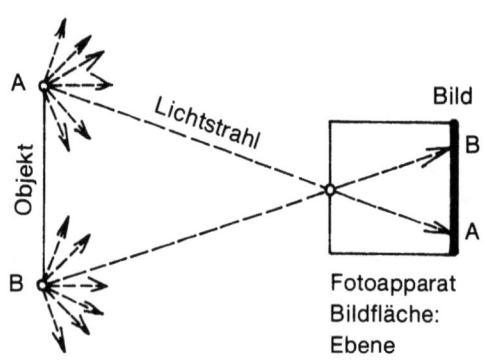

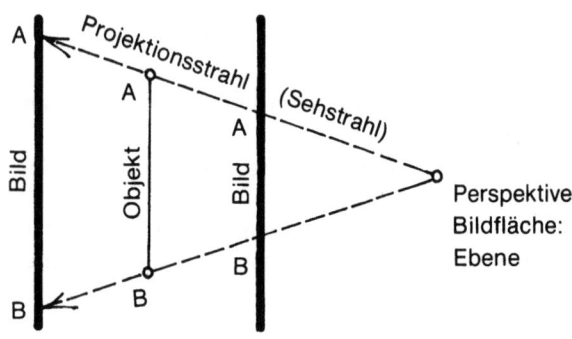

1. Die Entstehung zentralprojizierter Bilder

Die Bildfläche

Eine Lichtquelle sendet Lichtstrahlen aus; treffen sie auf ein Objekt, so werden sie von diesem reflektiert.

Auge

Von den unendlich vielen reflektierten Strahlen gelangen einige in das Auge; über Linsen und Glaskörper treffen sie auf die hohlkugelförmige Netzhaut.
Die Netzhaut besteht aus einem Raster von Zäpfchen und Stäbchen, welche das in einzelne Licht- und Farbsignale zerlegte Bild empfangen.
- 120 Millionen Stäbchen für Hell- und Dunkel-Eindrücke
- 6,5 Millionen Zäpfchen für die Aufnahme von Farbtönen.
  Der Sehnerv leitet die Signale zum Gehirn weiter. Das seitenverkehrte und auf dem Kopf stehende Bild wird hier automatisch korrigiert.

Fotoapparat

Der Vorgang ist derselbe wie im Auge, jedoch mit einer ebenen, anstatt einer hohlkugelförmigen Bildfläche. Die lichtempfindliche Schicht des Filmes reagiert ähnlich wie die Stäbchen des Auges unterschiedlich auf die verschiedenen Einzellichtwerte.

Perspektive

Wie beim Fotoapparat ist die Bildfläche eben. Im Gegensatz zu Auge und Fotografie ist die Bildfläche vor dem Projektionszentrum angeordnet, wodurch die Seitenverkehrung des Bildes vermieden wird. Die Perspektive ist ein Schnitt durch den Sehkegel. Anstatt der wirklich vorhandenen Lichtstrahlen werden (in umgekehrter Richtung verlaufende) Sehstrahlen angenommen, welche vom Projektionszentrum (Auge) ausgehend das Objekt abtasten.

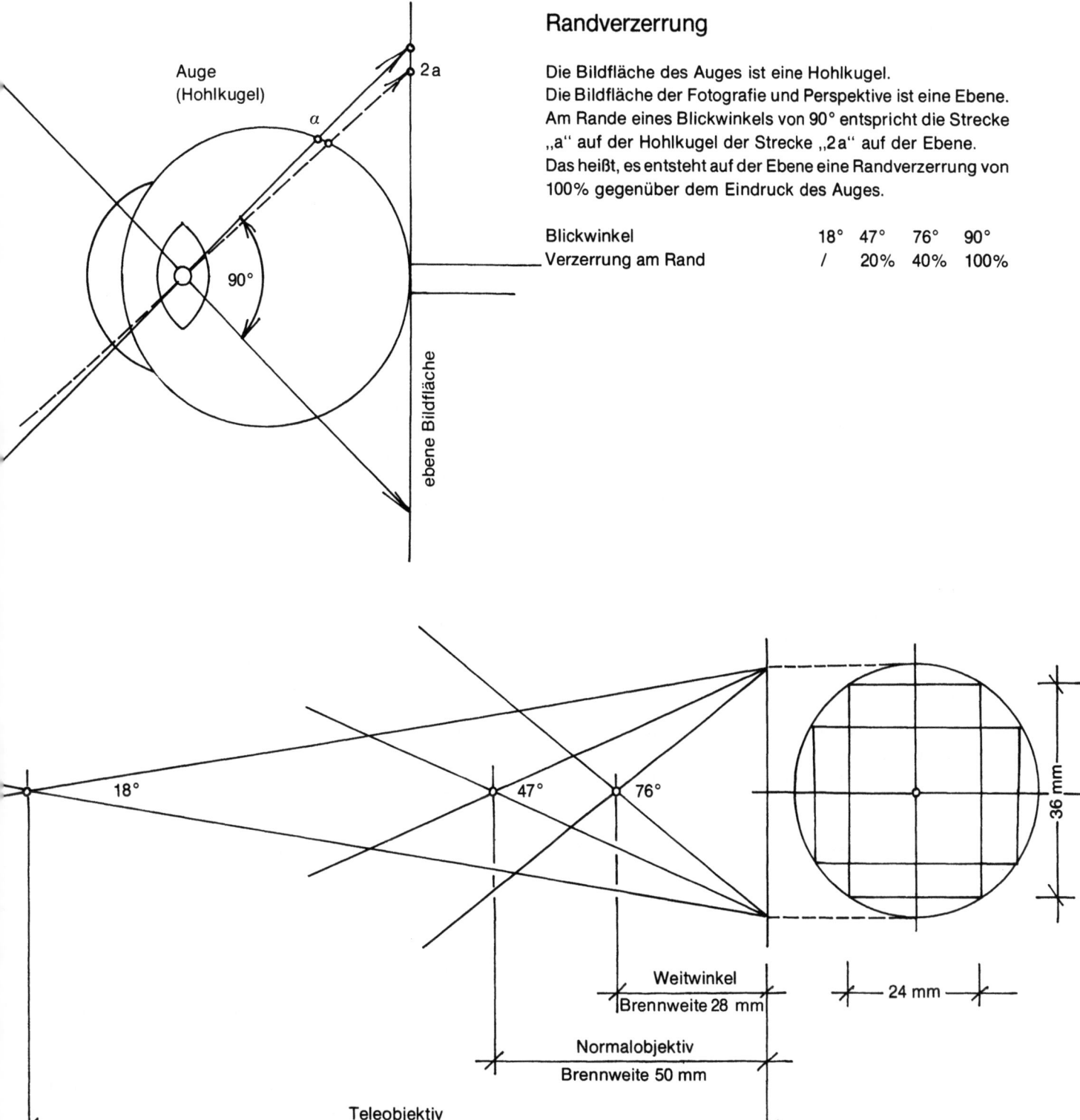

Randverzerrung

Die Bildfläche des Auges ist eine Hohlkugel.
Die Bildfläche der Fotografie und Perspektive ist eine Ebene.
Am Rande eines Blickwinkels von 90° entspricht die Strecke „a" auf der Hohlkugel der Strecke „2a" auf der Ebene.
Das heißt, es entsteht auf der Ebene eine Randverzerrung von 100% gegenüber dem Eindruck des Auges.

Blickwinkel	18°	47°	76°	90°
Verzerrung am Rand	/	20%	40%	100%

Beispiel: Kleinbildkamera
Maßstab 1:1

Brennweiten und Blickwinkel
von Fotoobjektiven

Ein Weitwinkelobjektiv mit 28 mm Brennweite und einem Blickwinkel von 76° entspricht ungefähr dem Blickfeld des menschlichen Auges, und ergibt eine Randverzerrung von 40%.
Wir wollen im folgenden einen Blickkreis, der sich bei einem Blickwinkel von 76° ergibt, als äußerste Grenze unserer perspektivischen Bilder betrachten.

2. Grundbegriffe

gr *Grundebene*

Die Grundebene (Grundrißebene) ist die Grundlage der Konstruktion, auf ihr stehen die abzubildenden Objekte und der Betrachter. Berühren Objekt und Betrachter die Grundebene nicht, sondern schweben über ihr, so haben sie einen gedachten Fußpunkt auf der Grundebene.
Auf der Grundebene erscheint die senkrecht auf ihr stehende Bildebene als Spurgerade.
Normalerweise entspricht die Grundebene der Erdoberfläche. Bei Innenräumen ist die Grundebene gleich dem Fußboden des Raumes.

be *Bildebene*

Die im allgemeinen senkrecht stehende Bildebene wird in der Perspektive zwischen Betrachter und Objekt, innerhalb des Objektes oder dahinter angenommen.
Bei senkrecht stehender Bildebene bleiben alle senkrechten Körperkanten auch im Bild als Senkrechte erhalten. Die Grundebene erscheint auf der Bildebene als Spurgerade.

Sehstrahlen

Im Gegensatz zu den tatsächlich vorhandenen Lichtstrahlen erfolgt die Perspektivkonstruktion mit gedachten Sehstrahlen (Projektionsstrahlen), welche vom Augpunkt ausgehend das Objekt abtasten. Je nach Lage der Bildebene trifft ein Sehstrahl erst einen Objektpunkt oder erst die Bildebene. Liegt der Objektpunkt vor der Bildebene, so ist der Sehstrahl bis zur Bildebene weiterzuführen.

A *Augpunkt*

Der Augpunkt ist das Projektionszentrum bzw. das Auge des (einäugigen) Betrachters. Objekt, Betrachter und Bildebene sind Vorbedingungen für jedes Bild.

St *Standort*

Der Standort liegt senkrecht unterhalb des Augpunktes auf der Grundebene, er ist die Grundrißprojektion des Augpunktes.

h *Aughöhe*

Die Aughöhe ist der senkrechte Abstand des Augpunktes von der Grundebene (Höhe des Augpunktes über dem Standort). Die normale Aughöhe beträgt ca. 1,60 m (mittlerer stehender Betrachter). In bestimmten Situationen (Innenraum, Abbildung einer Deckenuntersicht) ist es günstiger, die Aughöhe eines sitzenden Betrachters zu wählen, ca. 1,20 m. Vogelperspektiven sind Perspektiven mit großer Aughöhe.

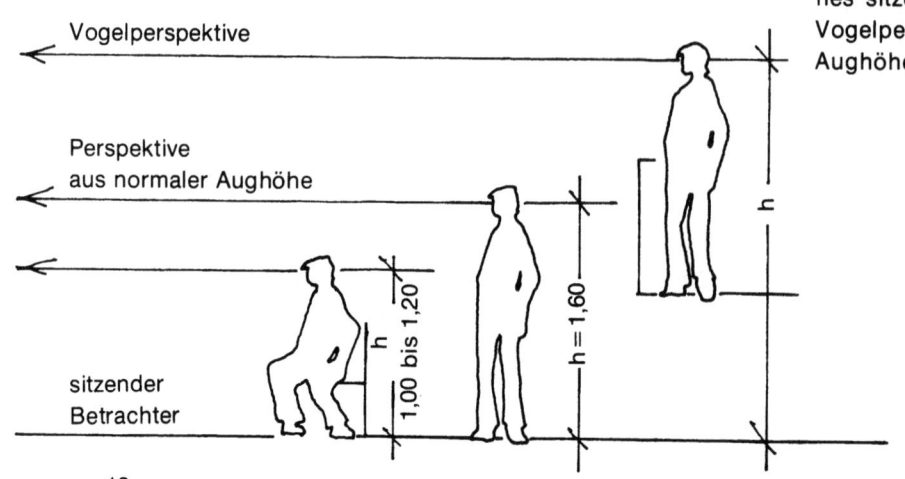

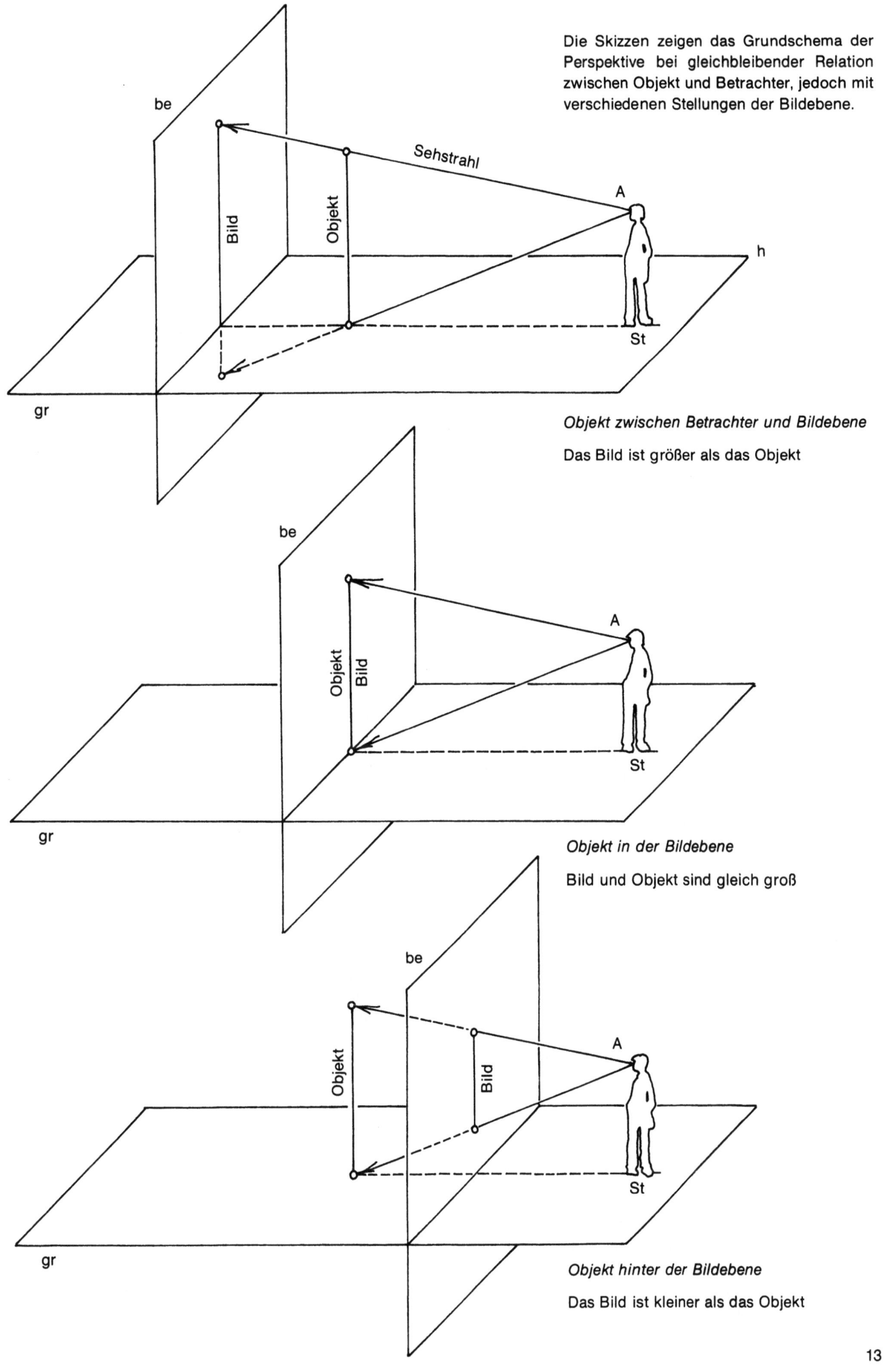

Die Skizzen zeigen das Grundschema der Perspektive bei gleichbleibender Relation zwischen Objekt und Betrachter, jedoch mit verschiedenen Stellungen der Bildebene.

Objekt zwischen Betrachter und Bildebene
Das Bild ist größer als das Objekt

Objekt in der Bildebene
Bild und Objekt sind gleich groß

Objekt hinter der Bildebene
Das Bild ist kleiner als das Objekt

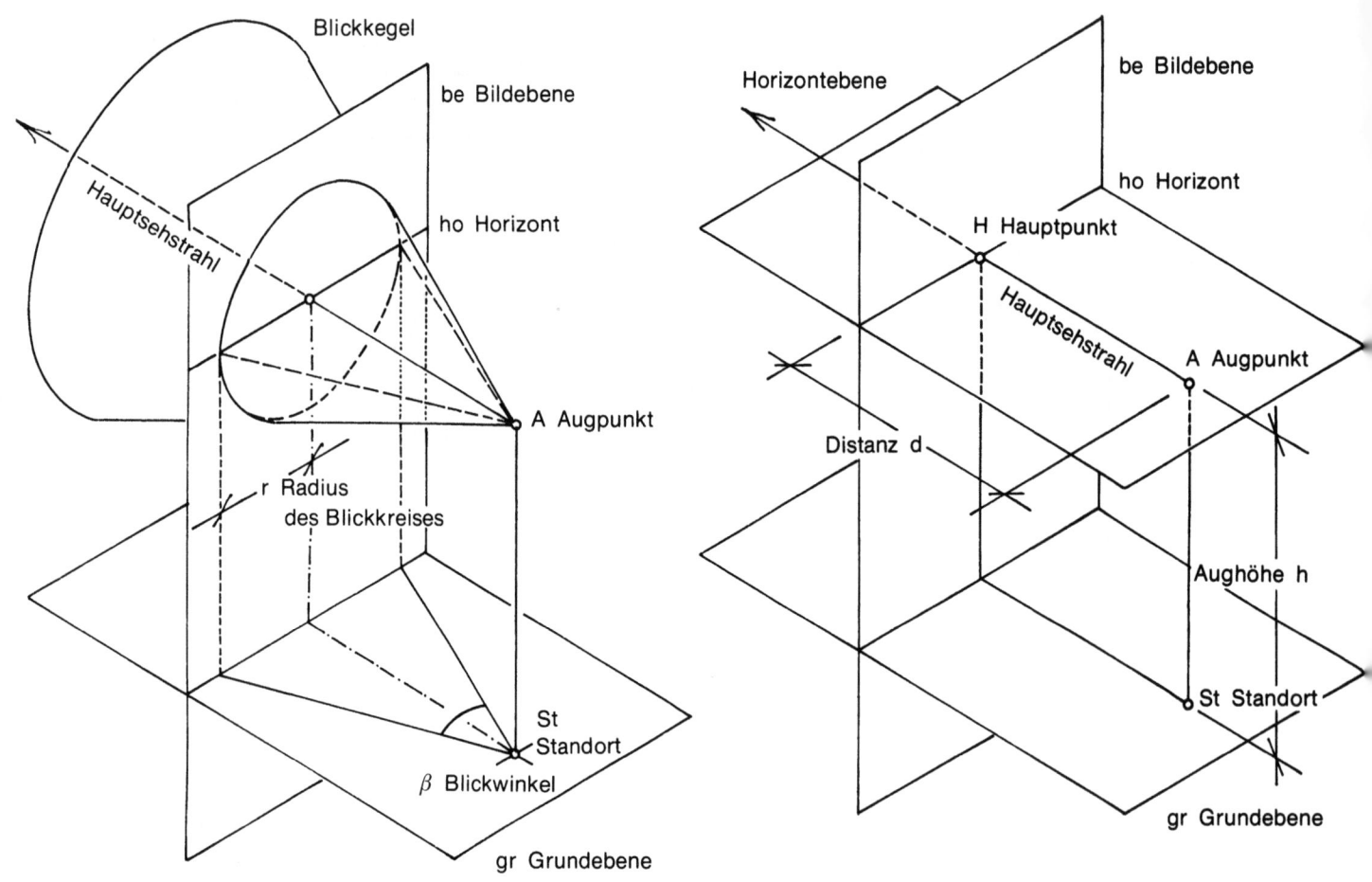

Hauptsehstrahl

Der Hauptsehstrahl trifft vom Augpunkt ausgehend senkrecht auf die Bildebene. Er liegt in der Mitte des Blickkegels, d. h. er soll möglichst mittig auf das abzubildende Objekt treffen.

H *Hauptpunkt*

Der Hauptpunkt ist der Durchstoßpunkt des Hauptsehstrahls durch die Bildebene bzw. die Projektion des Augpunktes ins perspektivische Bild. Der Hauptpunkt ist der Mittelpunkt des Blickfeldes und liegt auf dem Horizont.
Wie wir später sehen werden, ist er zugleich der Fluchtpunkt für alle Geraden, welche senkrecht auf der Bildebene stehen.

d *Distanz*

Die Distanz ist der waagerechte Abstand des Augpunktes von der Bildebene.
Durch die Distanz wird die Größe des Bildes festgelegt – nicht die Art des Bildes. Mit zunehmender Distanz vergrößert sich das Bild. Beim Fotoapparat ist die Distanz gleich der Brennweite des Objektivs.
Die Distanz wird oft mit dem Abstand Betrachter–Objekt verwechselt. Während die Distanz die Größe des Bildes bestimmt, beeinflußt der Abstand Objekt–Betrachter die Größe des Blickwinkels.

ho *Horizont*

Der Horizont ist die Spur der waagerechten Horizontebene durch den Augpunkt auf der Bildebene.
Der Hauptsehstrahl liegt in der Horizontebene. Der Horizont liegt immer in Höhe des Augpunktes, d. h. er steigt und fällt mit diesem.
Wie wir später sehen werden, liegen auf dem Horizont die Fluchtpunkte aller Horizontalen.

zur Skizze auf S. 15
Auf dem Boden liegen Punkte in gleichem Abstand, welche sich vom Betrachter entfernen. Die zugehörigen Sehstrahlen bewegen sich gegen die Horizonthöhe und erreichen unendlich weit entfernte Punkte.

β *Blickwinkel*

Trägt man den halben Blickwinkel (β/2) seitlich vom Hauptsehstrahl ab, so erhält man auf der Bildebene den Radius des Blickfeldes.

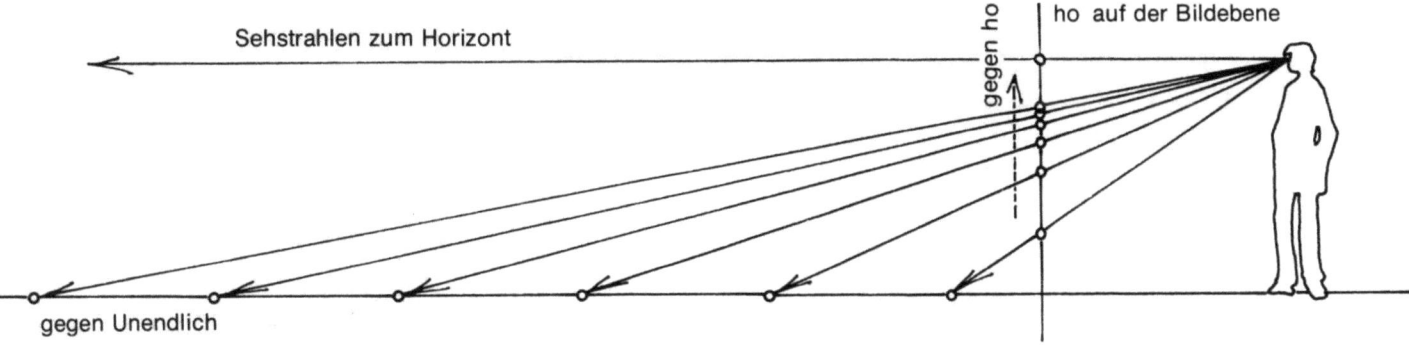

3. Sehstrahlenkonstruktion

Auge und Fotoapparat empfangen perspektivische Bilder von tatsächlich vorhandenen Objekten. Die perspektivische Zeichnung kann sowohl nach einem Objekt wie nach dessen Grund- und Aufriß gefertigt werden:

Perspektivkonstruktion nach einem vorhandenen Objekt

Die folgenden Stiche Albrecht Dürers zeigen die Perspektivkonstruktion nach der Natur in unübertroffener Anschaulichkeit.

Bild 1   Der Zeichner des liegenden Weibes fixiert den Augpunkt mit der Spitze eines Obelisken. Sehstrahlen vom Augpunkt ausgehend tasten das Objekt ab. Die Durchstoßpunkte der Sehstrahlen durch die Bildebene ergeben das Bild. In diesem Fall ist die Bildebene ein Rahmen mit quadratischem Fadennetz. Die einzelnen Bildpunkte werden auf ein Blatt Papier mit gleicher Rasterteilung übertragen.

Nach dem Studium von Kapitel 9 „Distanzpunkt", sollten Sie nochmals einen Blick auf Bild 1 werfen.

Die Rekonstruktion von Hauptpunkt und Distanzkreis zeigt, daß das Bild über einen Blickwinkel von 90° hinausgeht. Die Rekonstruktion geht von der Annahme aus, daß sowohl das liegende wie das stehende Raster aus Quadraten besteht, und somit die Diagonalen zu den Distanzpunkten fluchten.

Bild 2   Die Fixierung des Augpunktes ist verbessert. Anstatt der Obeliskspitze ist eine Lochblende gewählt.

Mittels einer sinnreichen Apparatur ist der Augpunkt (Loch) in allen drei Dimensionen verstellbar.

Da das Auge hinter der Lochblende eine gewisse Beweglichkeit behielt, kam man wohl zur Annahme eines überzogenen Blickwinkels.

Die Entfernung zum Objekt wird durch die Aufstellung des Tisches bestimmt. Das Bild wird direkt auf die durchsichtige Bildebene gezeichnet.

Bild 1

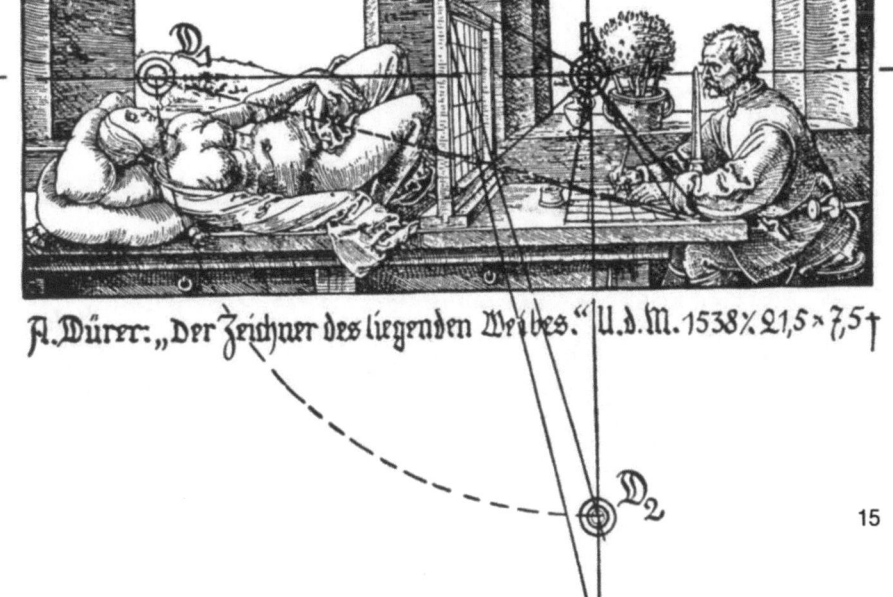

Bild 2

Bild 3

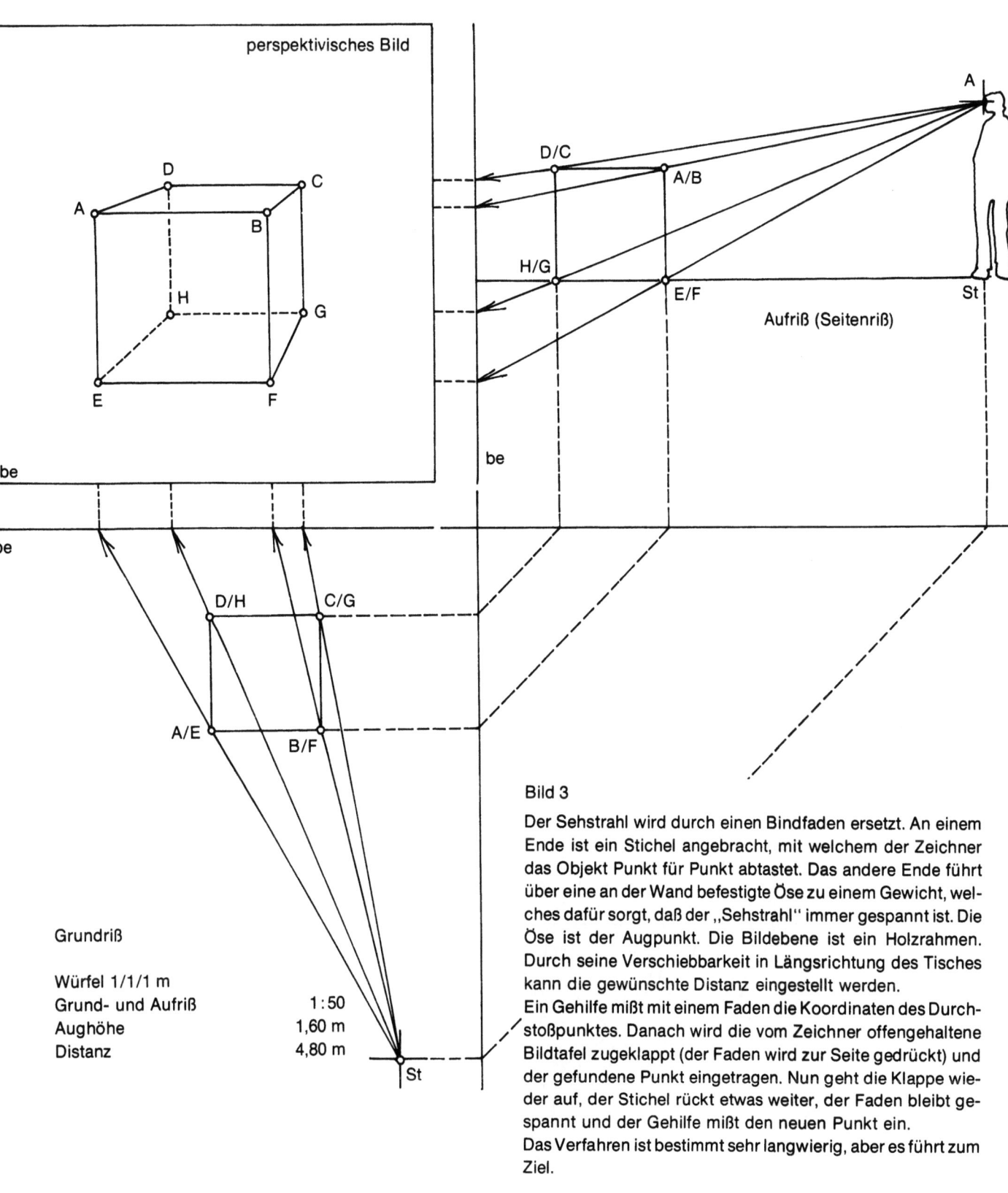

Bild 3

Der Sehstrahl wird durch einen Bindfaden ersetzt. An einem Ende ist ein Stichel angebracht, mit welchem der Zeichner das Objekt Punkt für Punkt abtastet. Das andere Ende führt über eine an der Wand befestigte Öse zu einem Gewicht, welches dafür sorgt, daß der „Sehstrahl" immer gespannt ist. Die Öse ist der Augpunkt. Die Bildebene ist ein Holzrahmen. Durch seine Verschiebbarkeit in Längsrichtung des Tisches kann die gewünschte Distanz eingestellt werden.

Ein Gehilfe mißt mit einem Faden die Koordinaten des Durchstoßpunktes. Danach wird die vom Zeichner offengehaltene Bildtafel zugeklappt (der Faden wird zur Seite gedrückt) und der gefundene Punkt eingetragen. Nun geht die Klappe wieder auf, der Stichel rückt etwas weiter, der Faden bleibt gespannt und der Gehilfe mißt den neuen Punkt ein.

Das Verfahren ist bestimmt sehr langwierig, aber es führt zum Ziel.

Im Fall des Würfels (parallel zur Bildebene) genügen vier Sehstrahlprojektionen jeweils im Auf- und Grundriß, um acht Punkte zu konstruieren, da eine Sehstrahlprojektion jeweils über zwei Eckpunkte führt (oben und unten bzw. hinten und vorne).
Diese einfachste Form der Perspektive – Sehstrahlenkonstruktion in Grund- und Aufriß – führt selbst in schwierigsten Fällen zum Ziel, hat jedoch den Nachteil, daß sie sehr langwierig ist.

Perspektivkonstruktion nach Grund- und Aufriß

Anstelle des greifbaren Objektes sind dessen Grund- und Aufriß vorgegeben. Anstelle des räumlichen Sehstrahls treten dessen Projektionen in Grund- und Aufriß. Die Höhenkoordinaten eines Bildpunktes werden im Aufriß, die Breitenkoordinaten im Grundriß ermittelt.

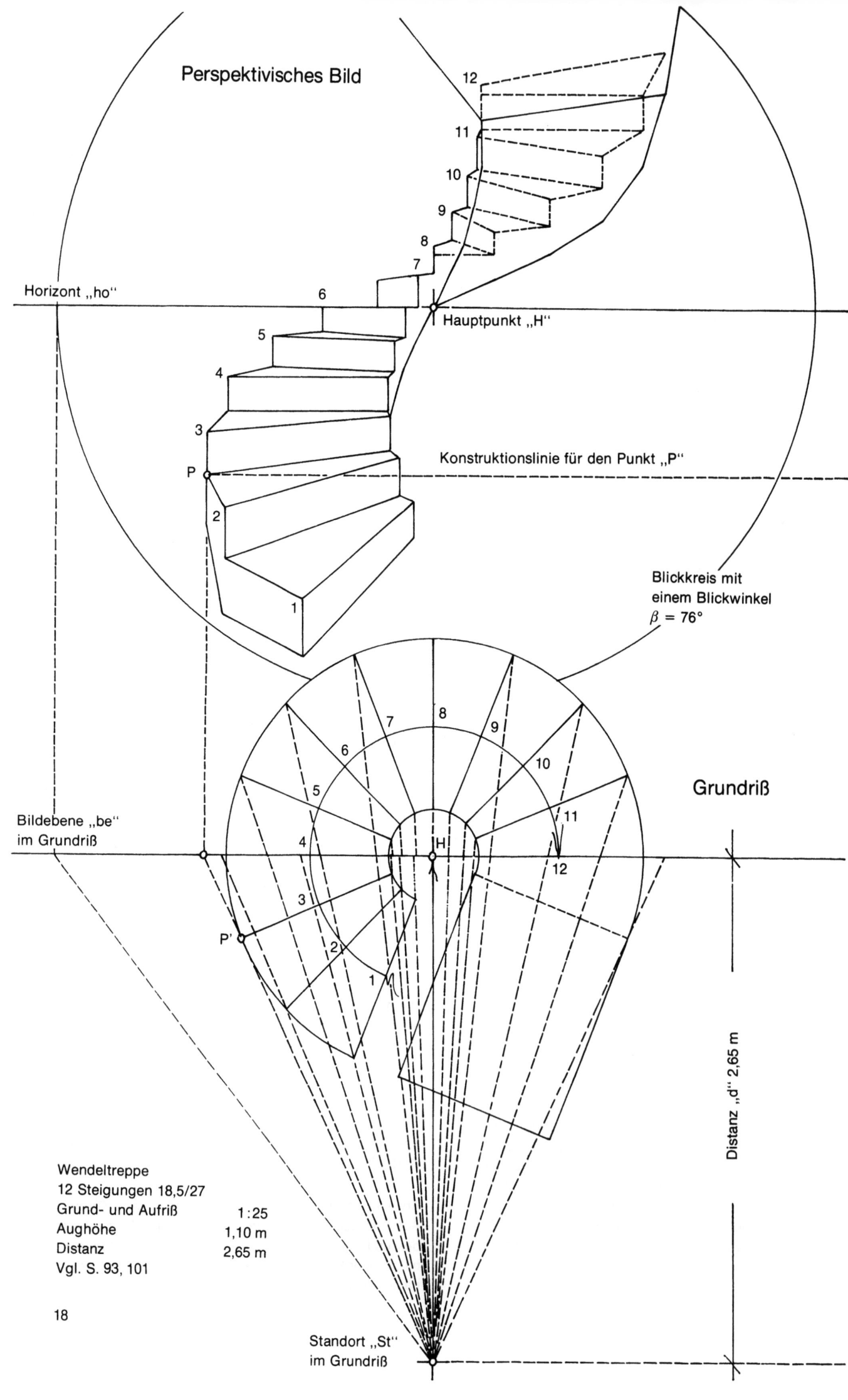

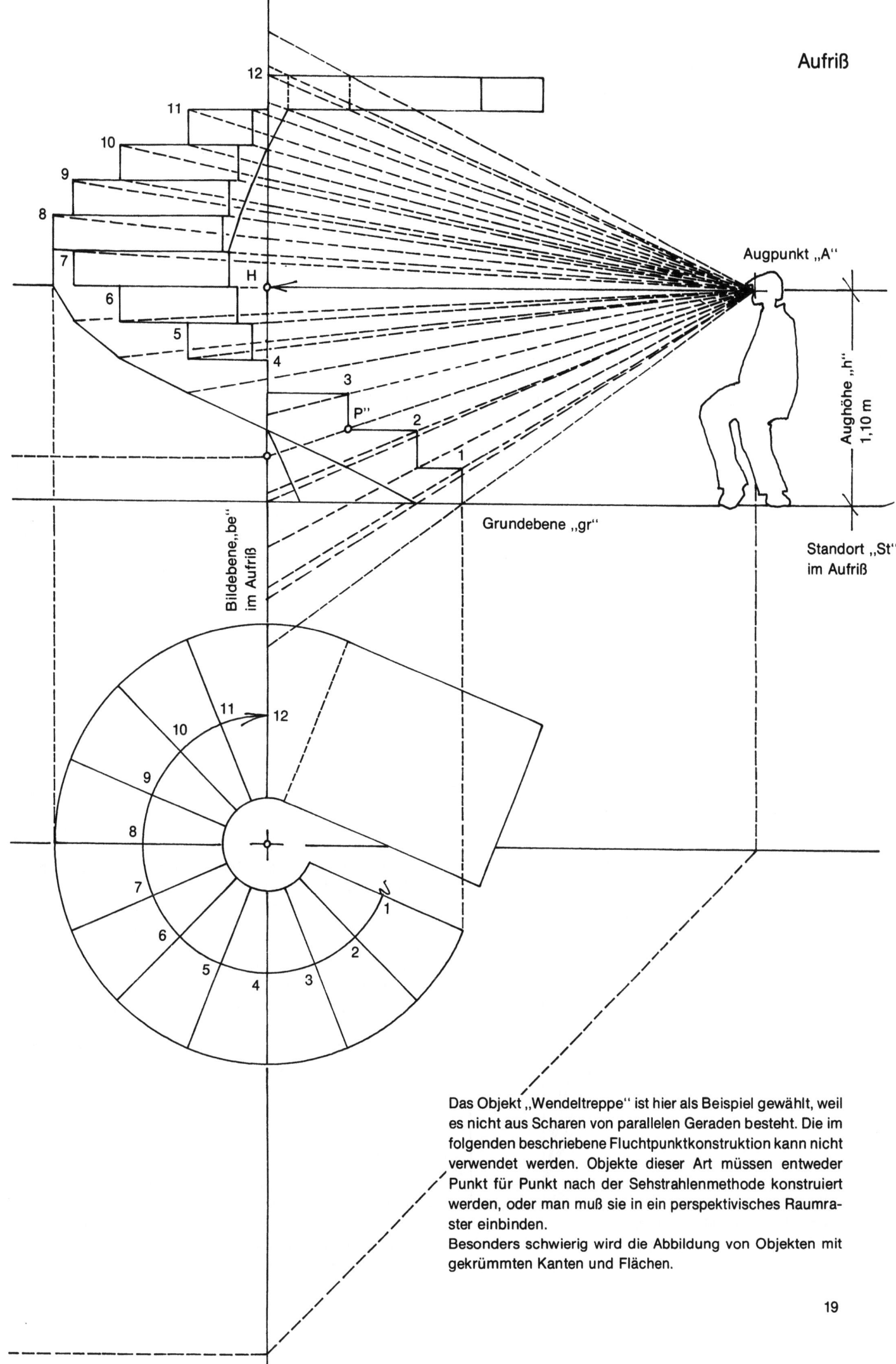

4. Fluchtpunkte

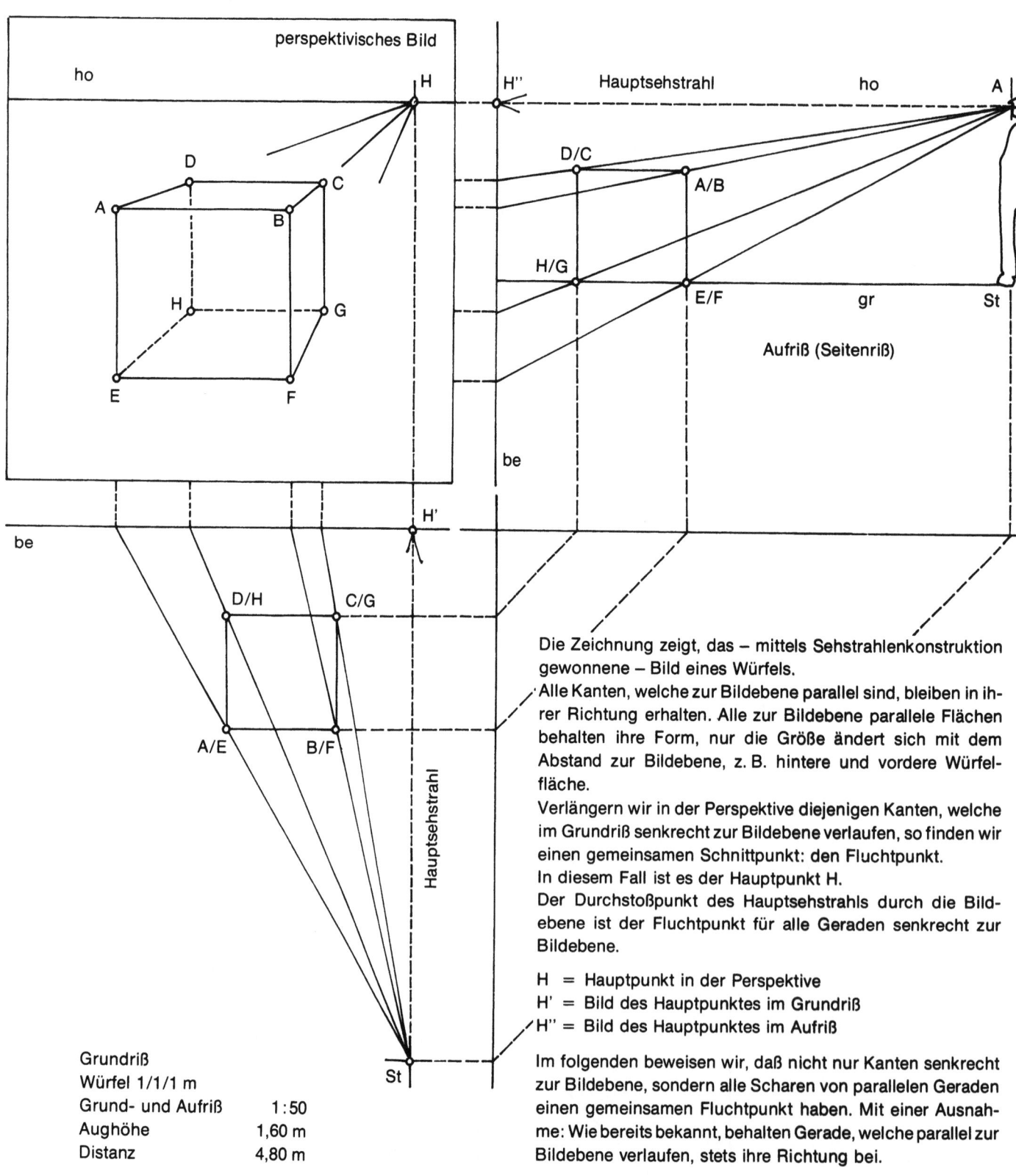

Grundriß
Würfel 1/1/1 m
Grund- und Aufriß 1:50
Aughöhe 1,60 m
Distanz 4,80 m

Die Zeichnung zeigt, das – mittels Sehstrahlenkonstruktion gewonnene – Bild eines Würfels.
Alle Kanten, welche zur Bildebene parallel sind, bleiben in ihrer Richtung erhalten. Alle zur Bildebene parallele Flächen behalten ihre Form, nur die Größe ändert sich mit dem Abstand zur Bildebene, z. B. hintere und vordere Würfelfläche.
Verlängern wir in der Perspektive diejenigen Kanten, welche im Grundriß senkrecht zur Bildebene verlaufen, so finden wir einen gemeinsamen Schnittpunkt: den Fluchtpunkt.
In diesem Fall ist es der Hauptpunkt H.
Der Durchstoßpunkt des Hauptsehstrahls durch die Bildebene ist der Fluchtpunkt für alle Geraden senkrecht zur Bildebene.

H = Hauptpunkt in der Perspektive
H' = Bild des Hauptpunktes im Grundriß
H'' = Bild des Hauptpunktes im Aufriß

Im folgenden beweisen wir, daß nicht nur Kanten senkrecht zur Bildebene, sondern alle Scharen von parallelen Geraden einen gemeinsamen Fluchtpunkt haben. Mit einer Ausnahme: Wie bereits bekannt, behalten Gerade, welche parallel zur Bildebene verlaufen, stets ihre Richtung bei.

Der allgemeine Fluchtpunktsatz

Auf einer zur Bildebene parallelen Geraden liegen Punkte in gleichen Abständen. Je weiter sich die Punkte entfernen, um so weiter entfernen sich auch die Durchstoßpunkte der zugehörigen Sehstrahlen. Originalpunkte und Bildpunkte gehen gegen Unendlich. Originalgerade und Bildgerade sind parallel.

Auf einer beliebigen Geraden liegen Punkte in gleichen Abständen. Je weiter sich die Punkte vom Betrachter entfernen, um so mehr nähern sich die zugehörigen Sehstrahlen der Parallellage zur gegebenen Geraden an. Für unendlich ferne Punkte wird die Parallellage erreicht. Der Fluchtpunkt ist der Durchstoßpunkt der Richtungsparallelen ausgehend vom Auge durch die Bildebene.

Da alle Parallelen zur angenommenen Geraden zum gleichen Fluchtpunkt fluchten, folgern wir den allgemeinen Fluchtpunktsatz:

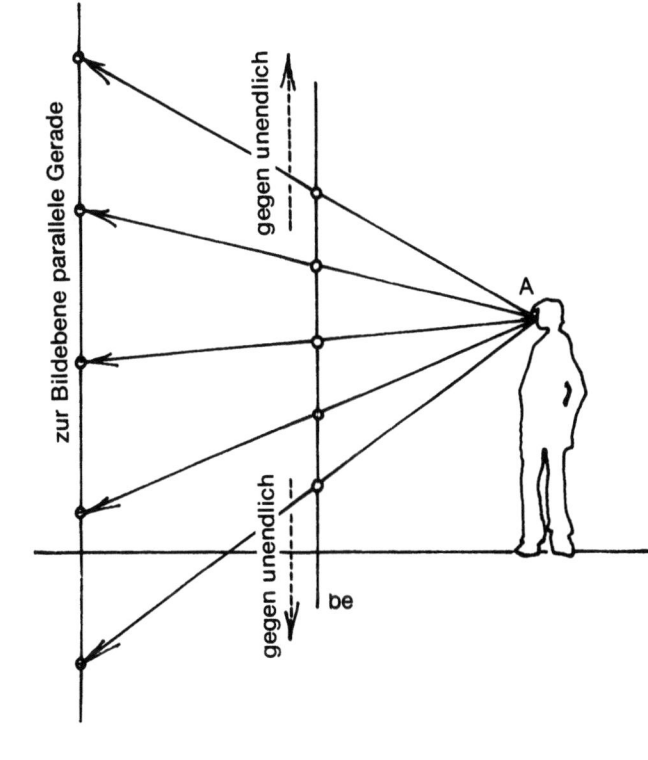

> Jede Schar von parallelen Geraden hat einen gemeinsamen Fluchtpunkt, es sei denn, die Geraden sind parallel zur Bildebene.
> Der Fluchtpunkt ist der Durchstoßpunkt einer Richtungsparallelen ausgehend vom Augpunkt durch die Bildebene.

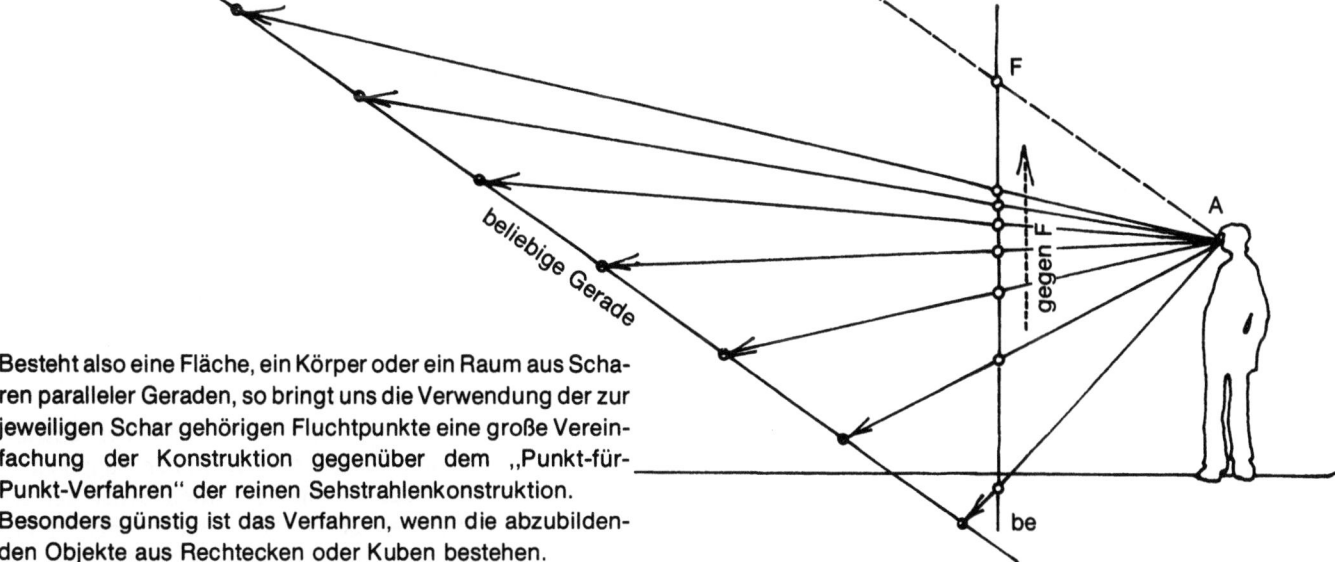

Besteht also eine Fläche, ein Körper oder ein Raum aus Scharen paralleler Geraden, so bringt uns die Verwendung der zur jeweiligen Schar gehörigen Fluchtpunkte eine große Vereinfachung der Konstruktion gegenüber dem „Punkt-für-Punkt-Verfahren" der reinen Sehstrahlenkonstruktion. Besonders günstig ist das Verfahren, wenn die abzubildenden Objekte aus Rechtecken oder Kuben bestehen.

Zwei Fluchtpunktverfahren

Die Unterscheidung zweier Perspektivarten resultiert aus den vorwiegend rechtwinkligen Objekten, welche wir abbilden. Genau genommen sind es keine zwei Arten, sondern die Zentralperspektive ist ein Sonderfall der Übereckperspektive. Von den unendlich vielen Lagen, die ein Kubus haben kann, ist eine die Parallellage zur Bildebene.
Nähert sich der Kubus der Parallellage zur Bildebene an, so wandert der Fluchtpunkt für die eine Schar von Parallelen ins Unendliche, der andere Fluchtpunkt ins Zentrum des perspektivischen Bildes.

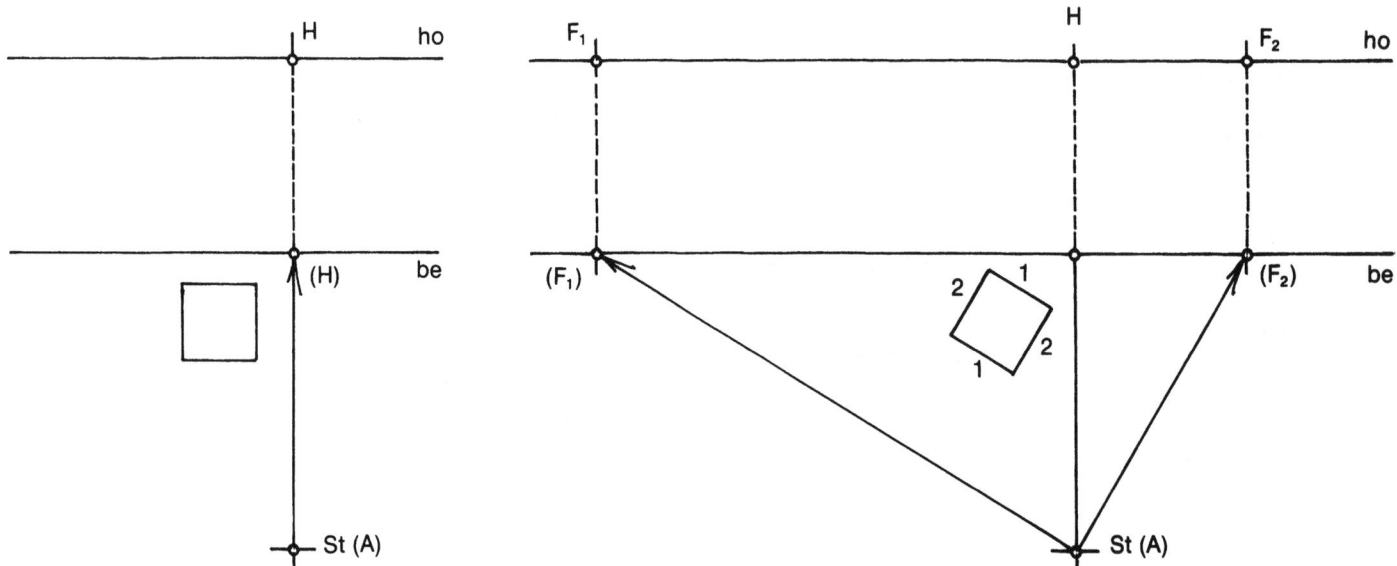

Zentralperspektive

Die Objektkanten verlaufen senkrecht und parallel zur Bildebene.
Die Parallelen zur Bildebene behalten im perspektivischen Bild ihre Richtung bei. Die Geraden, welche senkrecht auf der Bildebene stehen, fluchten zum Hauptpunkt „H".
Die Zentralperspektive ist die älteste Form der Perspektive. Nach der Entdeckung durch Brunelesco zu Beginn des 15. Jh. gab es für 200 Jahre nur die Zentralperspektive.
Die Zentralperspektive ist geeignet für die Abbildung von Räumen und für Vogelperspektiven.

H   *Fluchtpunkt* für horizontale Gerade, welche zur Bildebene senkrecht sind

Übereckperspektive

Die rechtwinkligen Körper geben ihre Parallellage zur Bildebene auf – sie liegen „übereck".
Es gibt nun zwei Scharen paralleler Geraden mit je einem Fluchtpunkt „F_1" und „F_2".
Für schiefwinklige Körper oder auch Kuben, welche nicht im rechten Winkel zueinander stehen, können sich eine Vielzahl von Fluchtpunkten ergeben, welche wir fortlaufend numerieren.
Auch wenn der Hauptpunkt als Fluchtpunkt keine Bedeutung mehr hat, bleibt er doch der Mittelpunkt des Sichtkreises. Die Übereckperspektive ist geeignet für die Abbildung von Körpern.

$F_{1,2}$ *Fluchtpunkte* für Scharen von horizontalen Geraden, welche weder senkrecht noch parallel zur Bildebene sind

Konstruktion von H und $F_{1,2}$
Im Grundriß legen wir eine Richtungsparallele zu den Objektkanten durch den Augpunkt. Der Schnittpunkt mit der Grundrißspur der Bildebene ergibt auf dem darüber (oder darunter) liegenden Horizont den Fluchtpunkt.

Verschiedene Fluchtpunkte

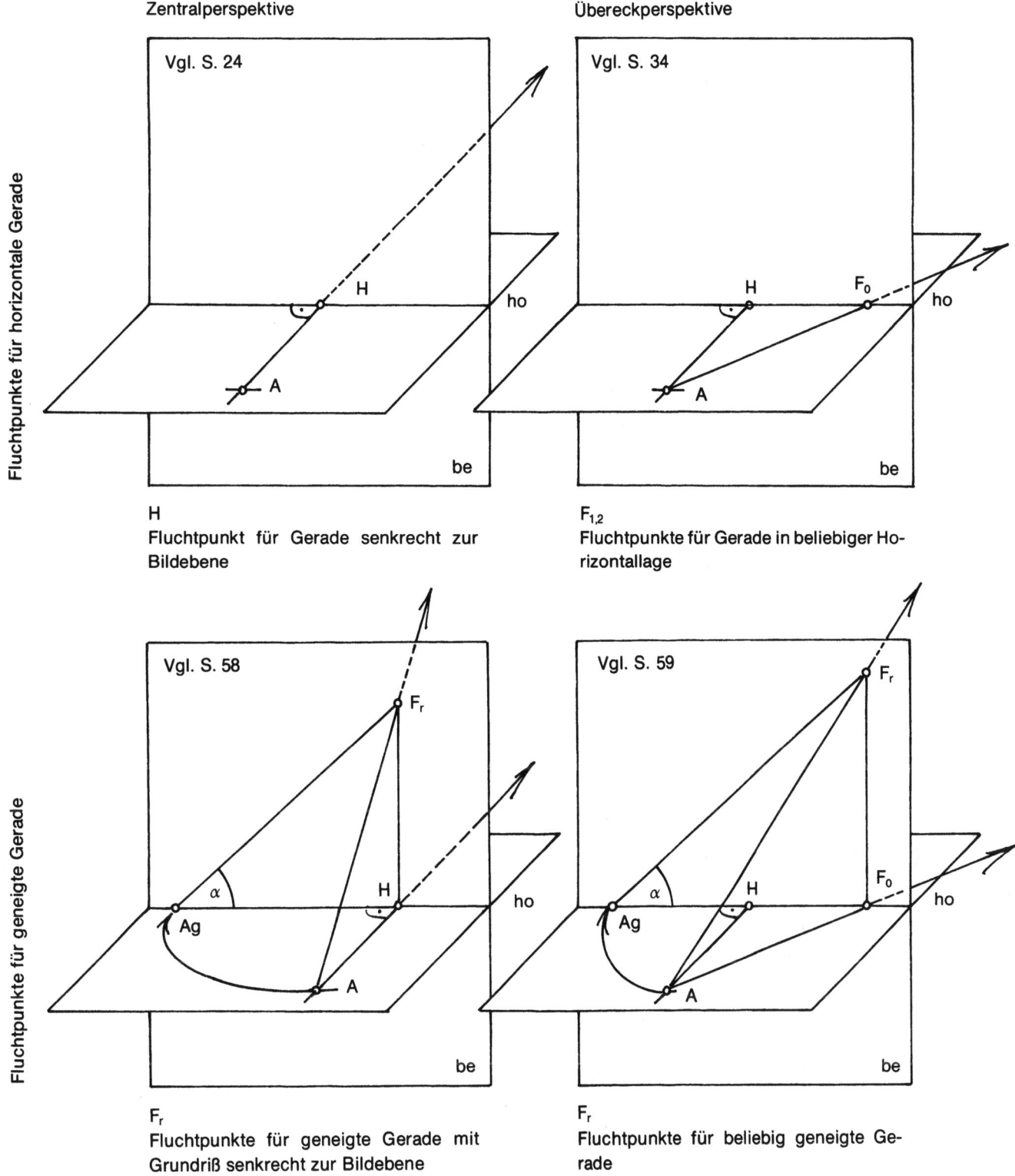

Zentralperspektive — Übereckperspektive

Fluchtpunkte für horizontale Gerade

H
Fluchtpunkt für Gerade senkrecht zur Bildebene

$F_{1,2}$
Fluchtpunkte für Gerade in beliebiger Horizontallage

Fluchtpunkte für geneigte Gerade

F_r
Fluchtpunkte für geneigte Gerade mit Grundriß senkrecht zur Bildebene

F_r
Fluchtpunkte für beliebig geneigte Gerade

F_r *Fluchtpunkte* für Rampen

Der Fluchtpunkt für eine Schar beliebig geneigter Gerade wird wie folgt konstruiert:
1. eine Richtungsparallele zur Grundrißprojektion durch den Augpunkt ergibt H bzw. F
2. mit einem Zirkelschlag um H bzw. F drehen wir den Augpunkt in die Bildebene und erhalten A_g (A gedreht)
3. In A_g tragen wir den Neigungswinkel α über oder unter dem Horizont an.
Nach oben, wenn die Gerade vom Betrachter aus steigt, nach unten, wenn sie fällt.
Der Schnittpunkt mit der Senkrechten durch den zugehörigen Horizontalfluchtpunkt ist F_r.

5. Zentralperspektive

Siehe auch Seite 20–23 „Fluchtpunkte"

Bei der Fluchtpunktkonstruktion wird die Sehstrahlenprojektion auf den Grundriß beschränkt. Aus dem Aufriß werden nur noch die Höhen übernommen.

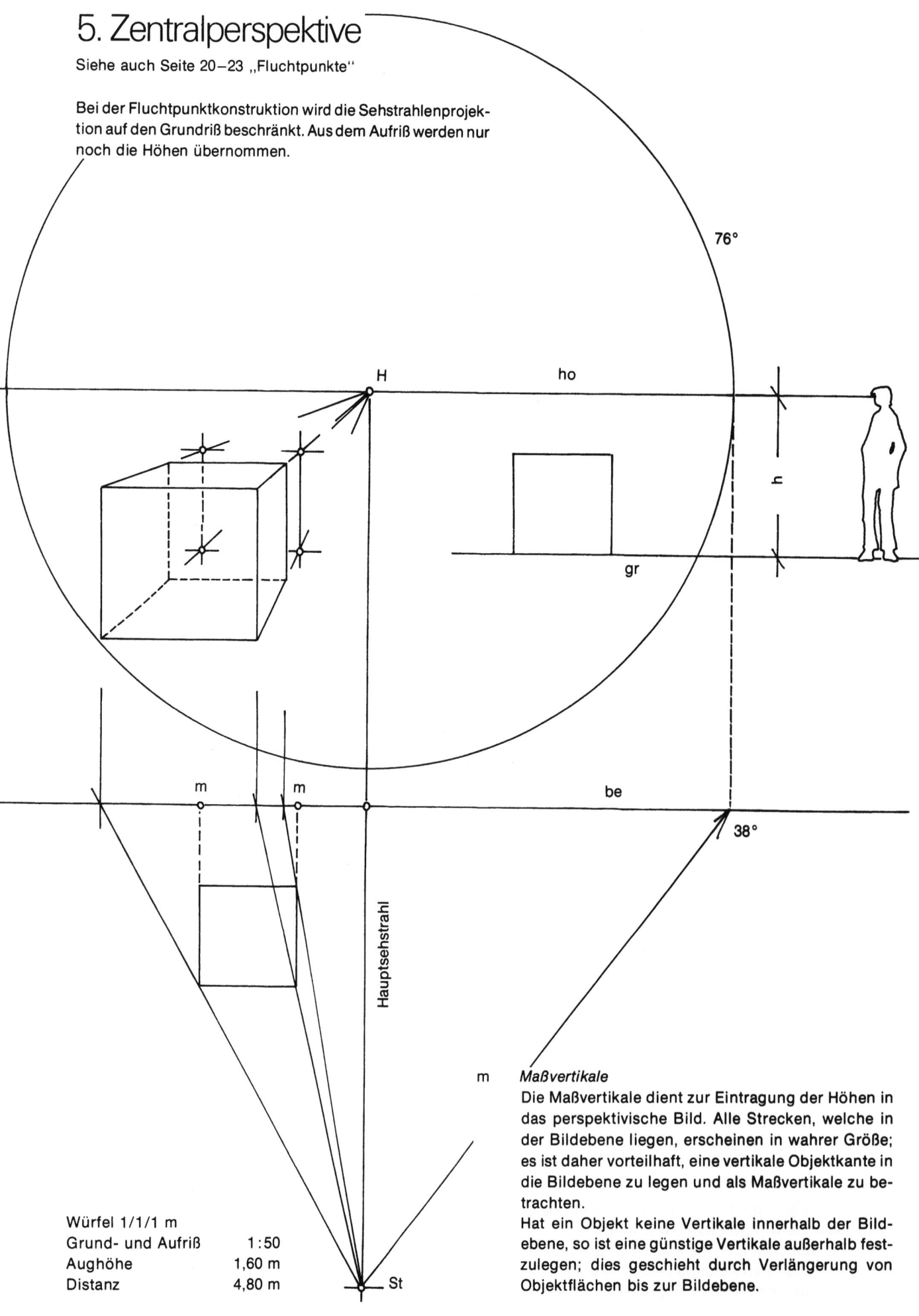

Würfel 1/1/1 m
Grund- und Aufriß   1:50
Aughöhe   1,60 m
Distanz   4,80 m

m *Maßvertikale*
Die Maßvertikale dient zur Eintragung der Höhen in das perspektivische Bild. Alle Strecken, welche in der Bildebene liegen, erscheinen in wahrer Größe; es ist daher vorteilhaft, eine vertikale Objektkante in die Bildebene zu legen und als Maßvertikale zu betrachten.

Hat ein Objekt keine Vertikale innerhalb der Bildebene, so ist eine günstige Vertikale außerhalb festzulegen; dies geschieht durch Verlängerung von Objektflächen bis zur Bildebene.

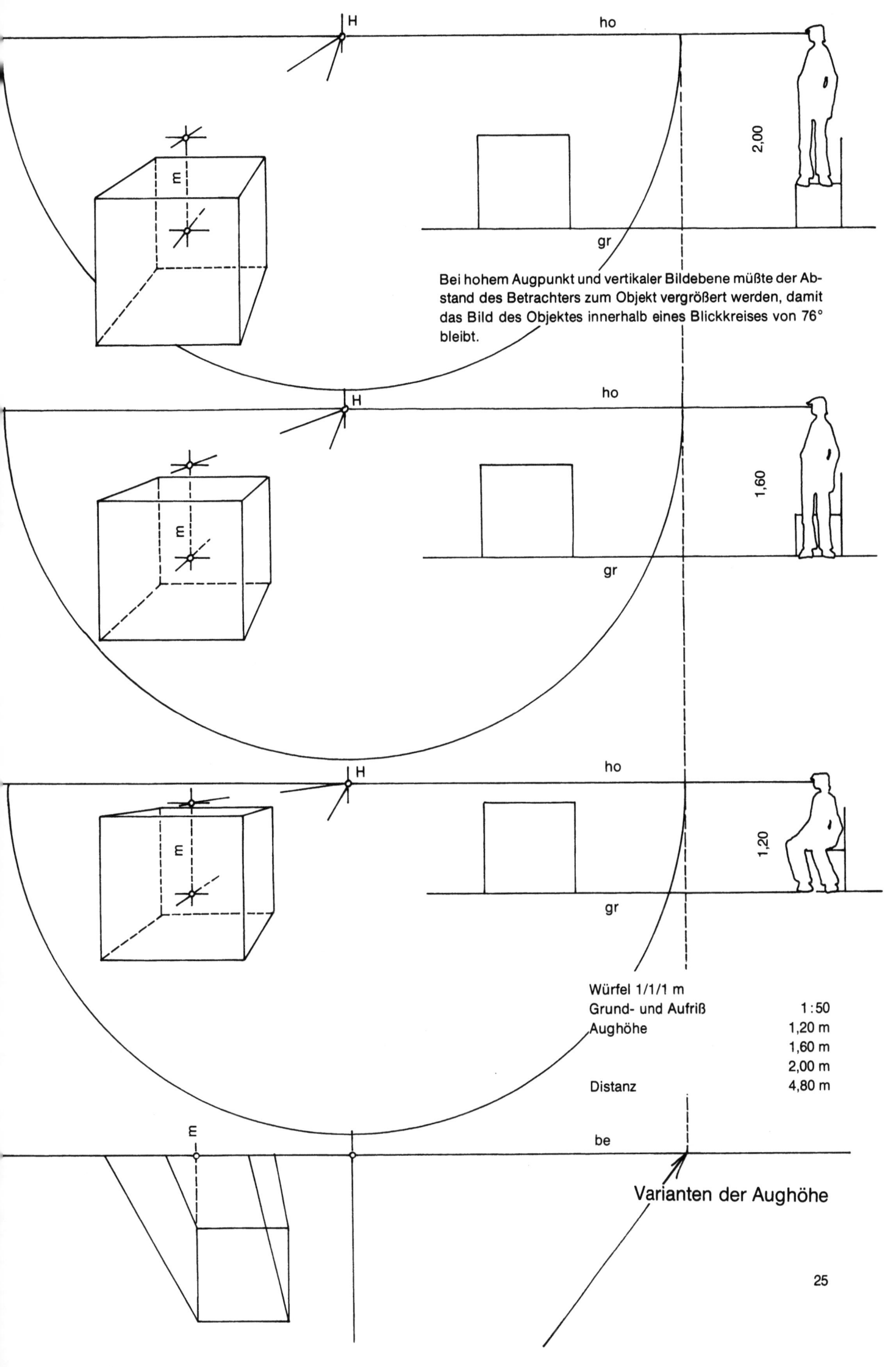

Bei hohem Augpunkt und vertikaler Bildebene müßte der Abstand des Betrachters zum Objekt vergrößert werden, damit das Bild des Objektes innerhalb eines Blickkreises von 76° bleibt.

Würfel 1/1/1 m
Grund- und Aufriß 1:50
Aughöhe 1,20 m
1,60 m
2,00 m
Distanz 4,80 m

Varianten der Aughöhe

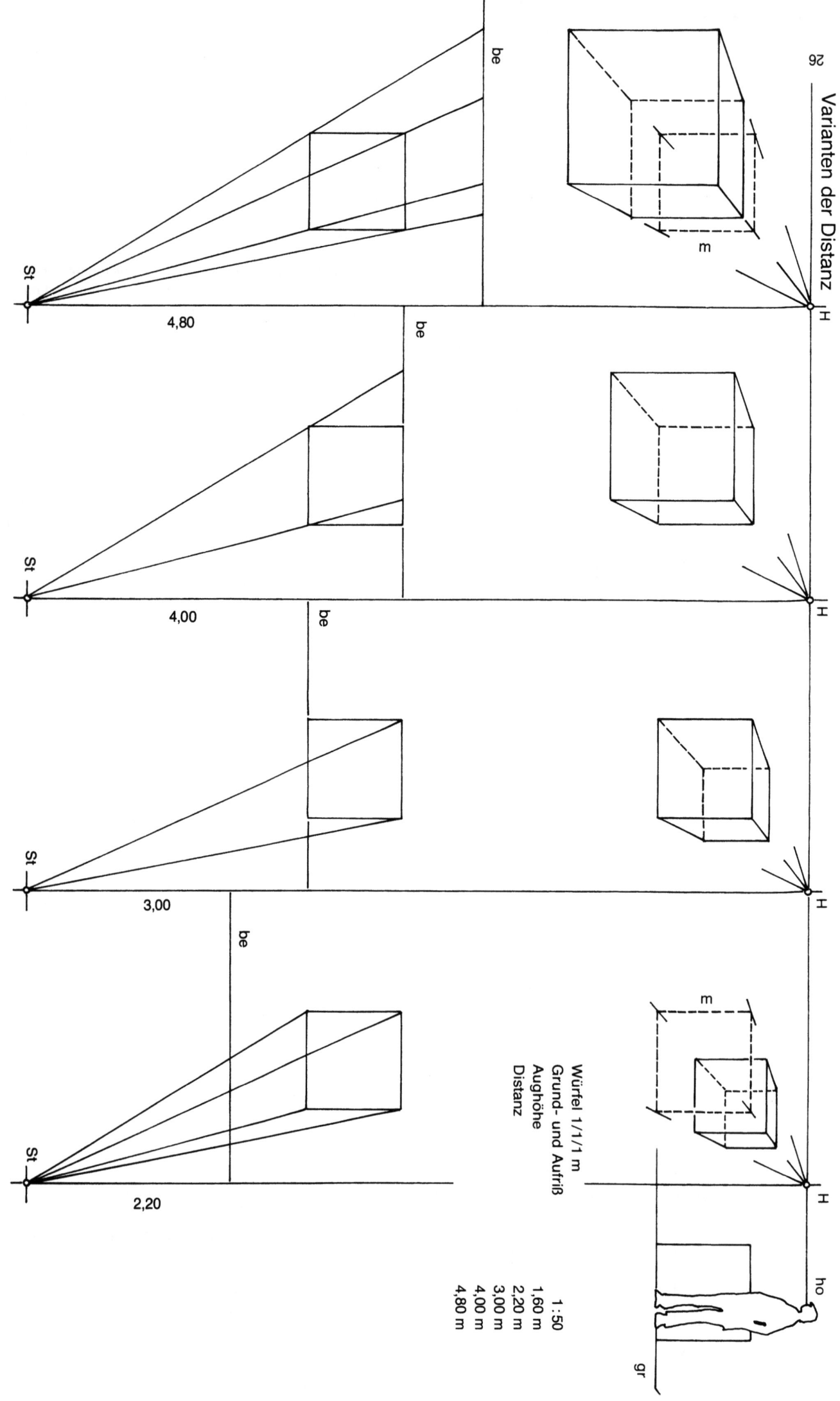

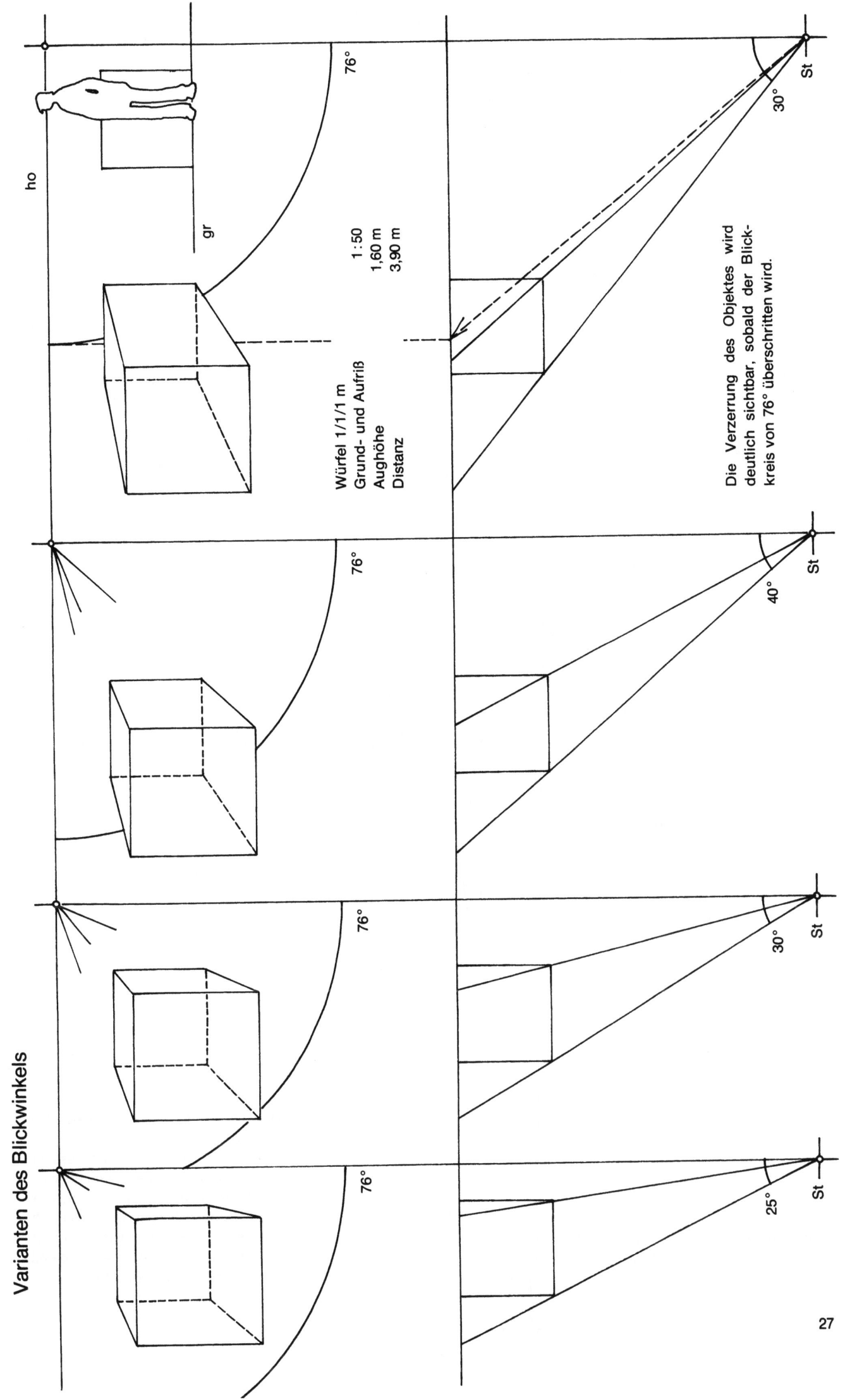

Perspektive aus normaler Aughöhe

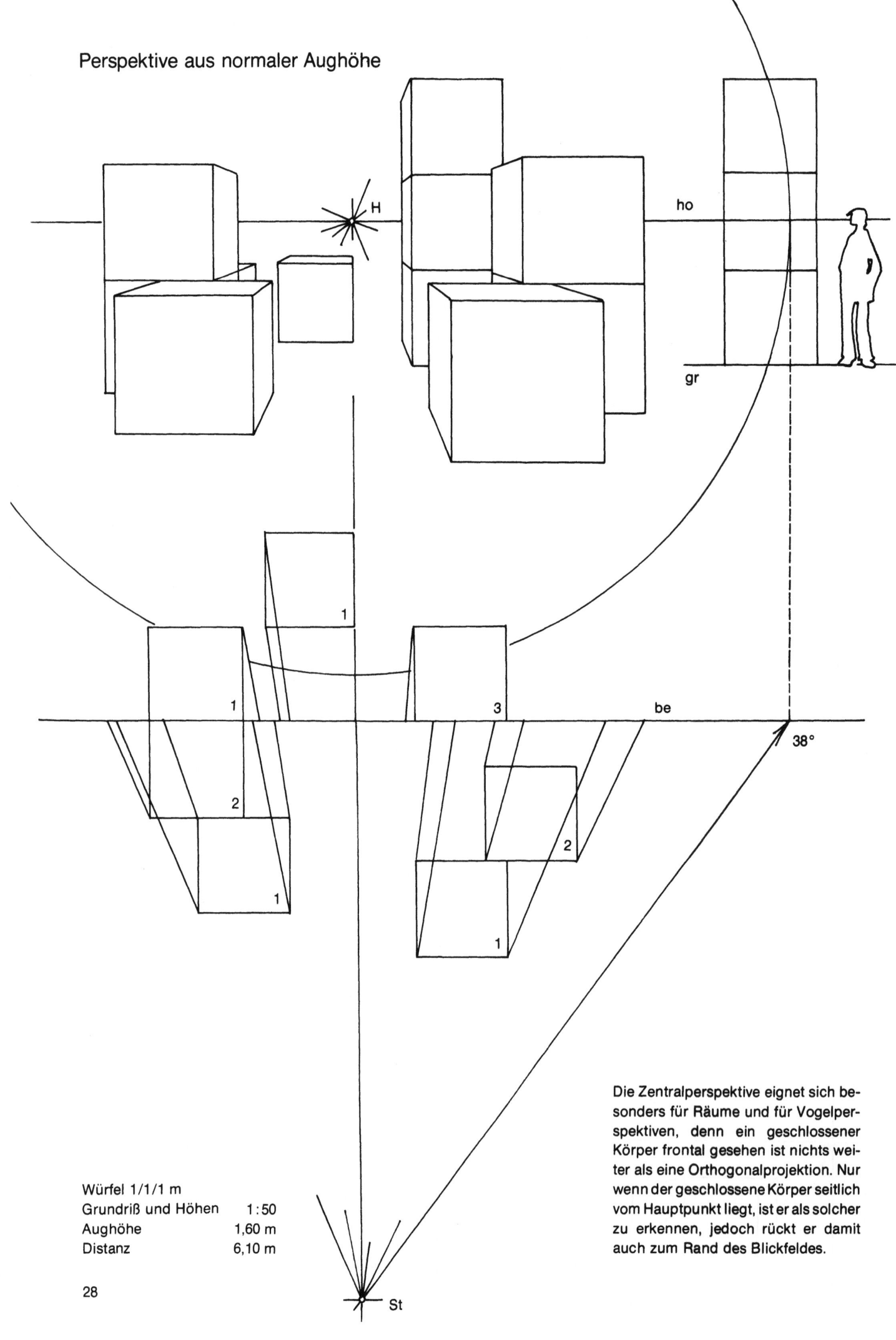

Würfel 1/1/1 m
Grundriß und Höhen 1:50
Aughöhe 1,60 m
Distanz 6,10 m

Die Zentralperspektive eignet sich besonders für Räume und für Vogelperspektiven, denn ein geschlossener Körper frontal gesehen ist nichts weiter als eine Orthogonalprojektion. Nur wenn der geschlossene Körper seitlich vom Hauptpunkt liegt, ist er als solcher zu erkennen, jedoch rückt er damit auch zum Rand des Blickfeldes.

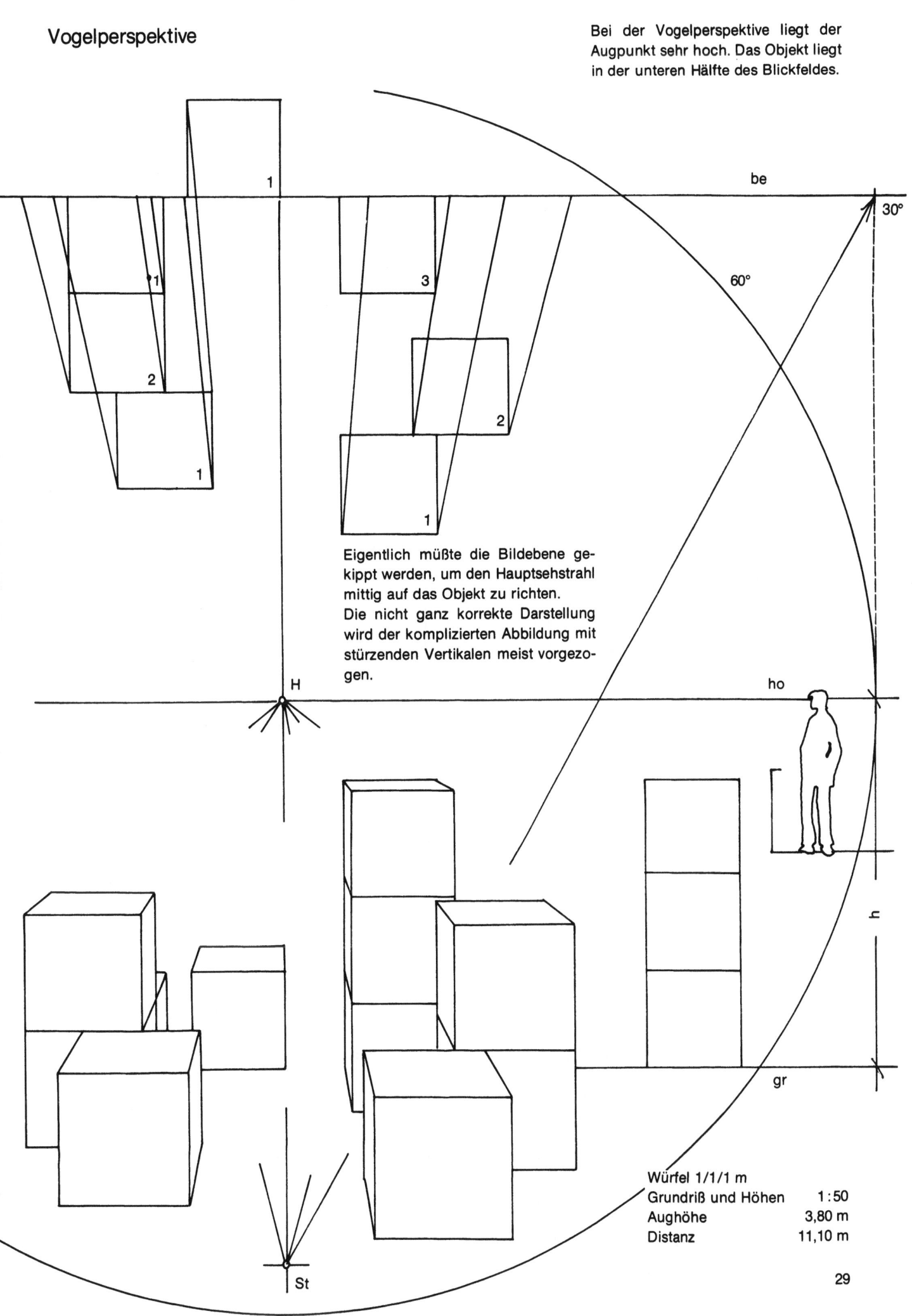

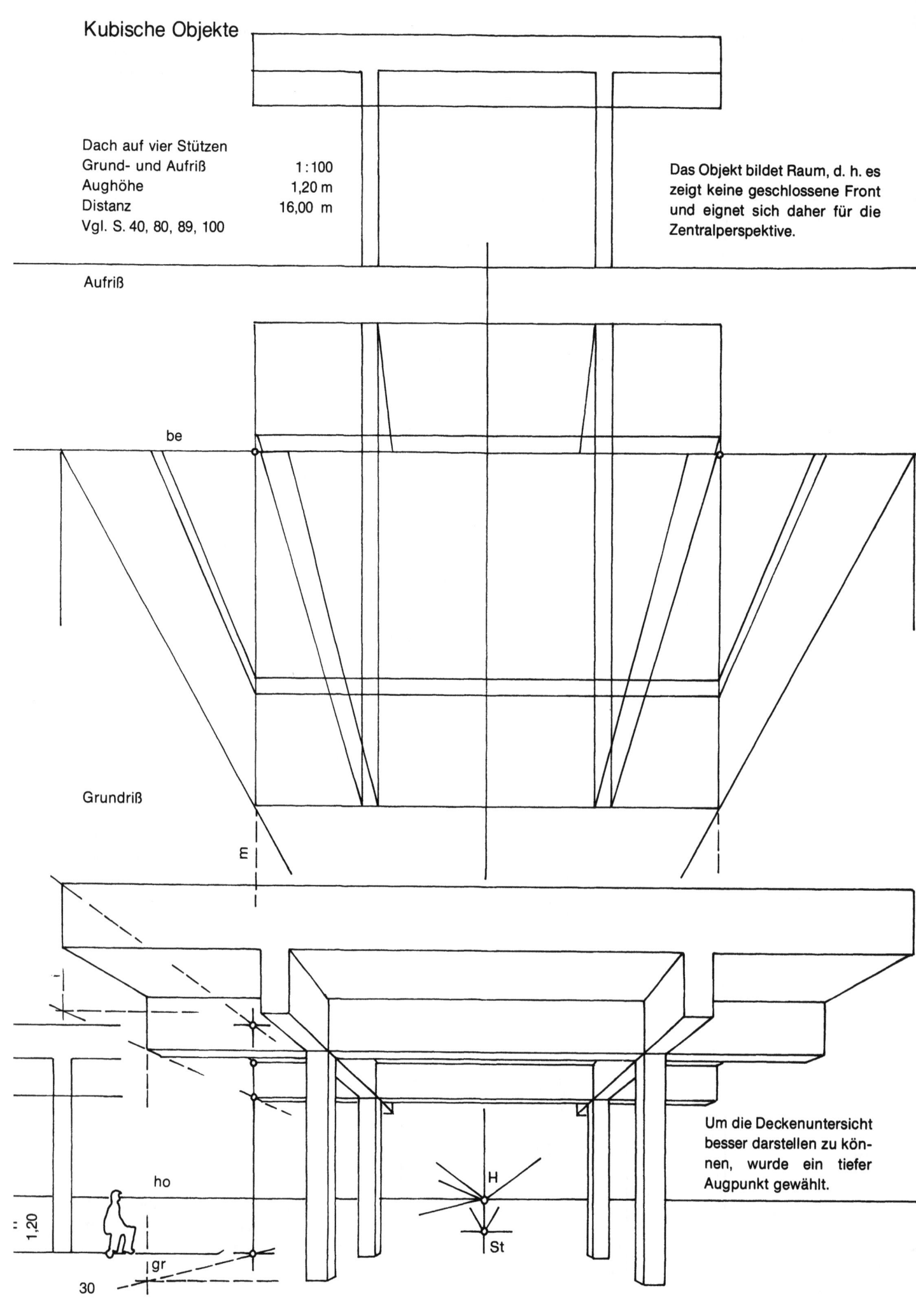

Kubische Objekte

Dach auf vier Stützen
Grund- und Aufriß 1:100
Aughöhe 1,20 m
Distanz 16,00 m
Vgl. S. 40, 80, 89, 100

Das Objekt bildet Raum, d. h. es zeigt keine geschlossene Front und eignet sich daher für die Zentralperspektive.

Aufriß

Grundriß

Um die Deckenuntersicht besser darstellen zu können, wurde ein tiefer Augpunkt gewählt.

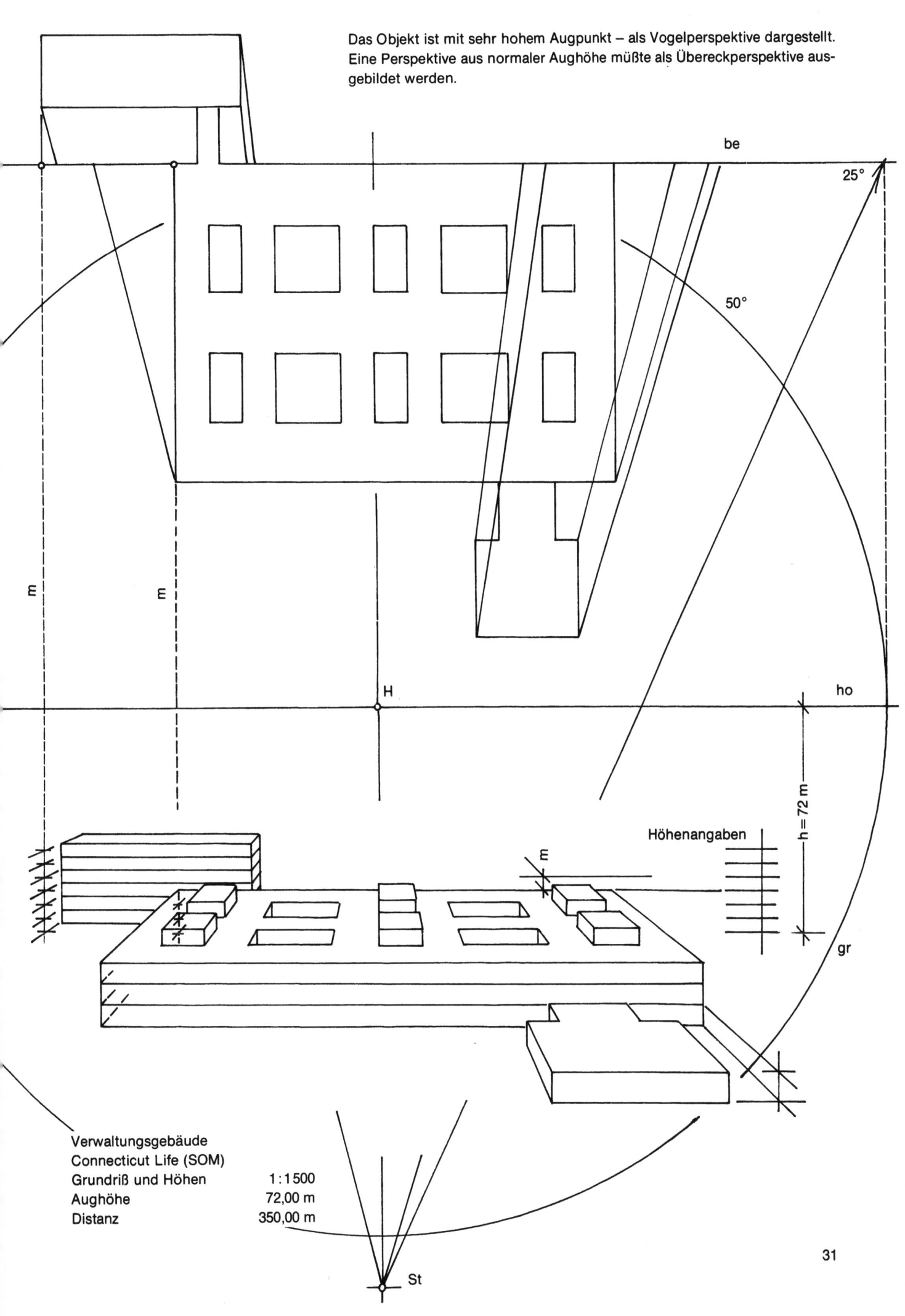

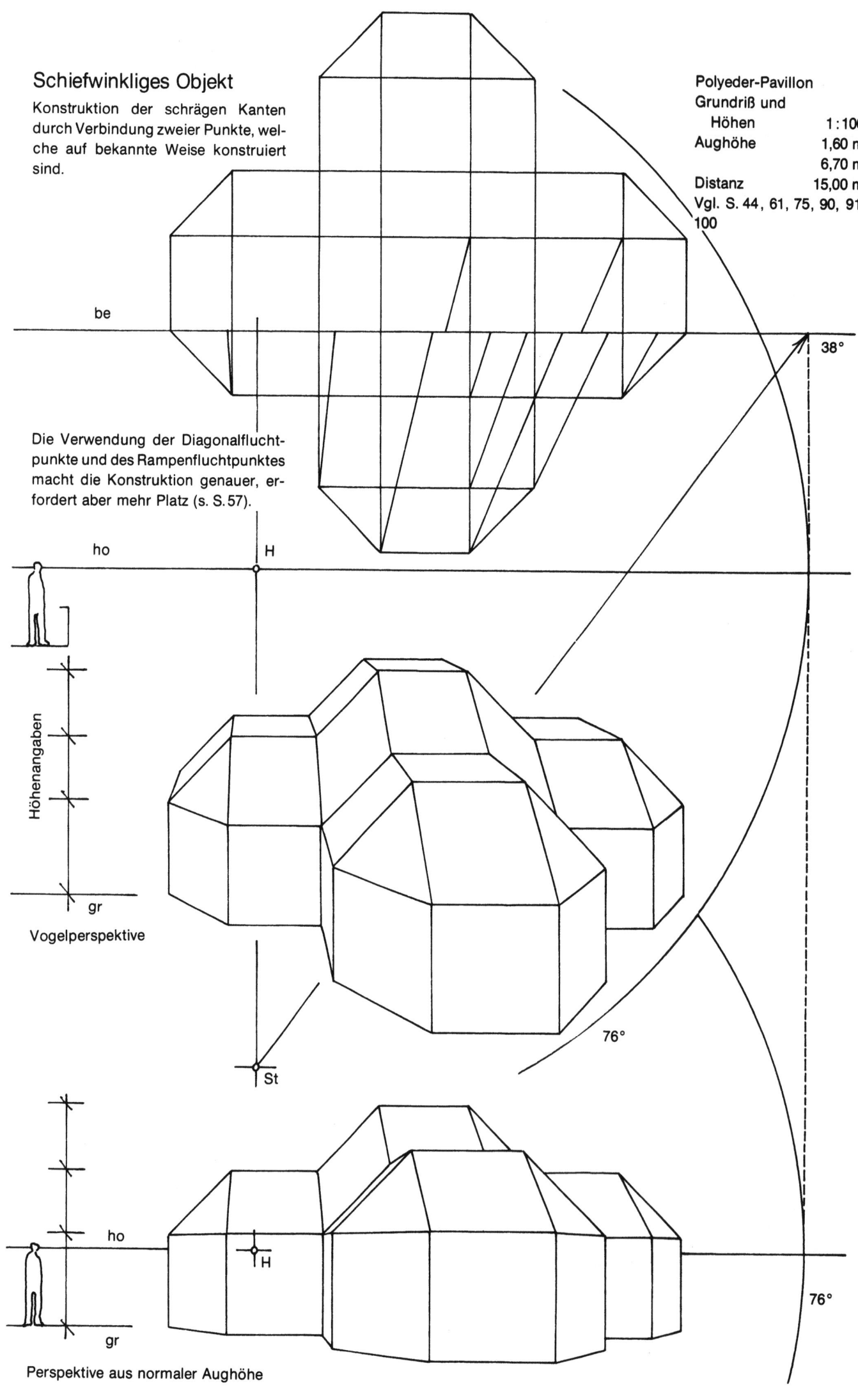

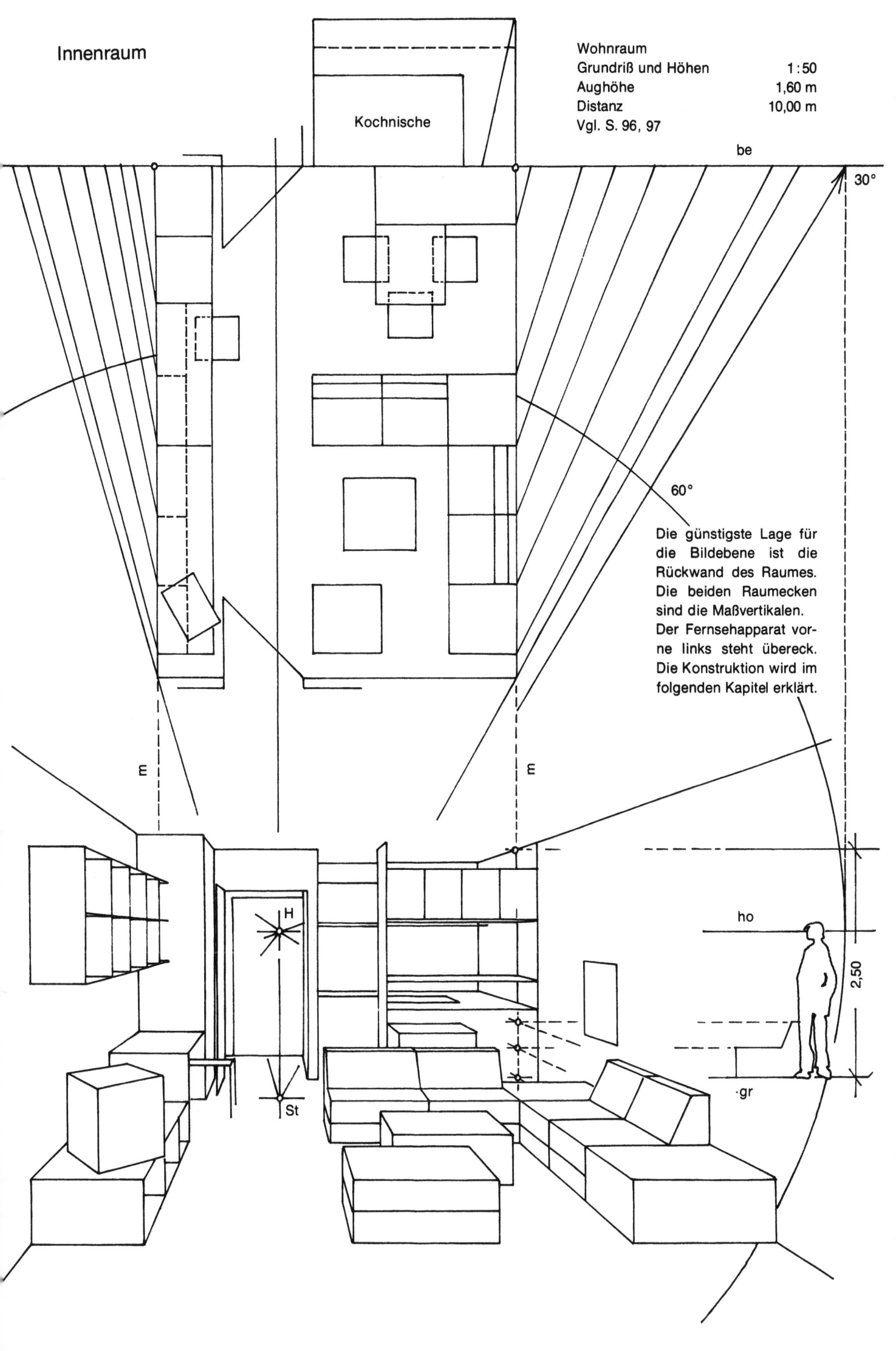

6. Über-Eck-Perspektive

Siehe auch Seite 20–23 „Fluchtpunkte"

In der Zentralperspektive Seite 24 liegt das Objekt am Bildrand und nicht wie wünschenswert möglichst in der Mitte des Blickkreises. Bei gleicher Relation zwischen Objekt und Betrachter richten wir nun den Hauptsehstrahl mittig auf das Objekt; die Bildebene, welche immer senkrecht zum Hauptsehstrahl liegen muß, wird dadurch gedreht. Aus der Zentralperspektive wird eine Übereckperspektive.
Bei der Suche nach den Fluchtpunkten zeigt sich, daß der links liegende Fluchtpunkt F_1 auf der Zeichnung nicht mehr erreichbar ist.
Die Konstruktion muß mit dem einen Fluchtpunkt F_2 erfolgen. Für beide Vertikalflächen, welche nach F_2 fluchten, muß je eine Maßvertikale festgelegt werden. Nachdem beide Flächen konstruiert sind, werden sie zum Würfel ergänzt.

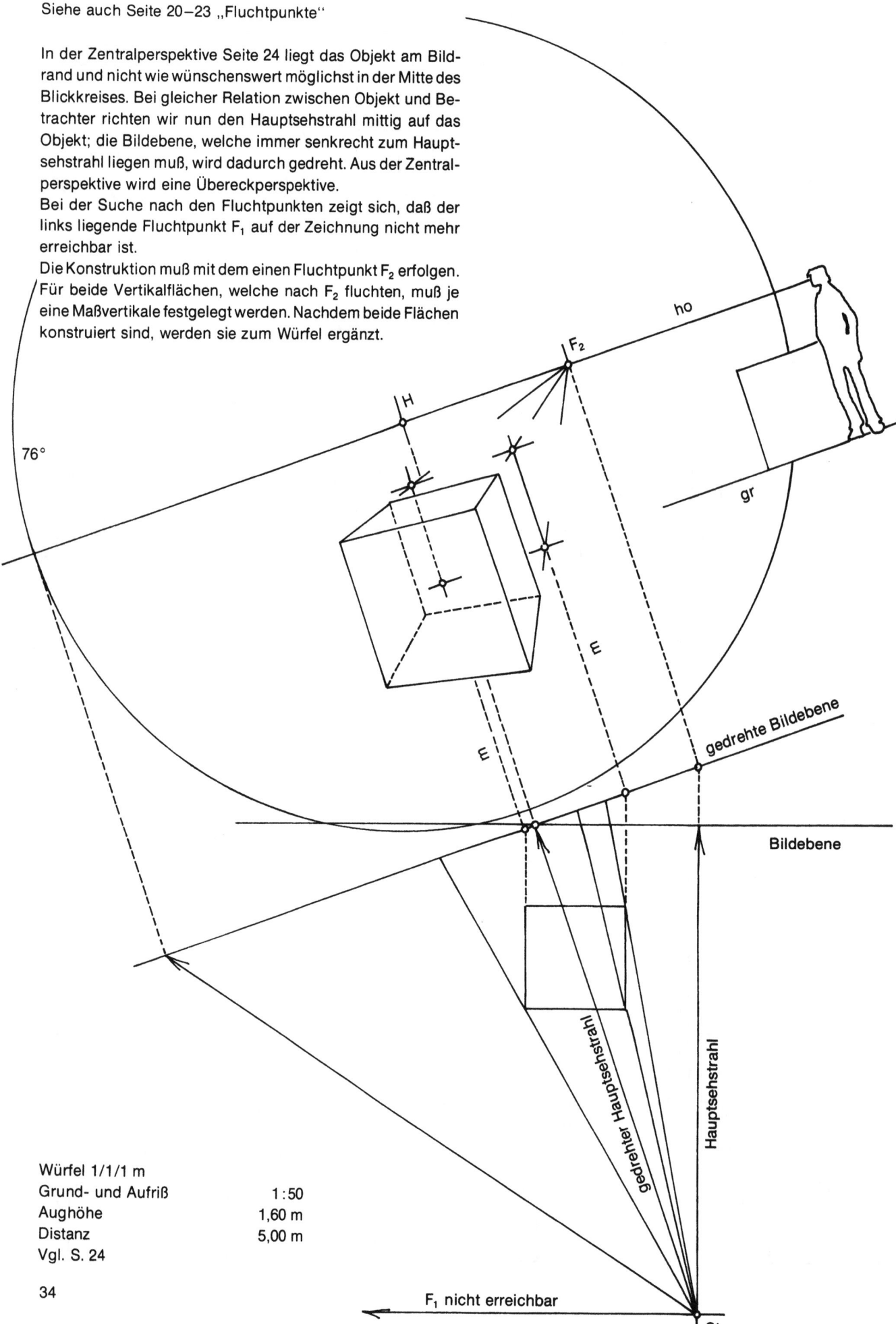

Würfel 1/1/1 m
Grund- und Aufriß 1:50
Aughöhe 1,60 m
Distanz 5,00 m
Vgl. S. 24

F_1 nicht erreichbar

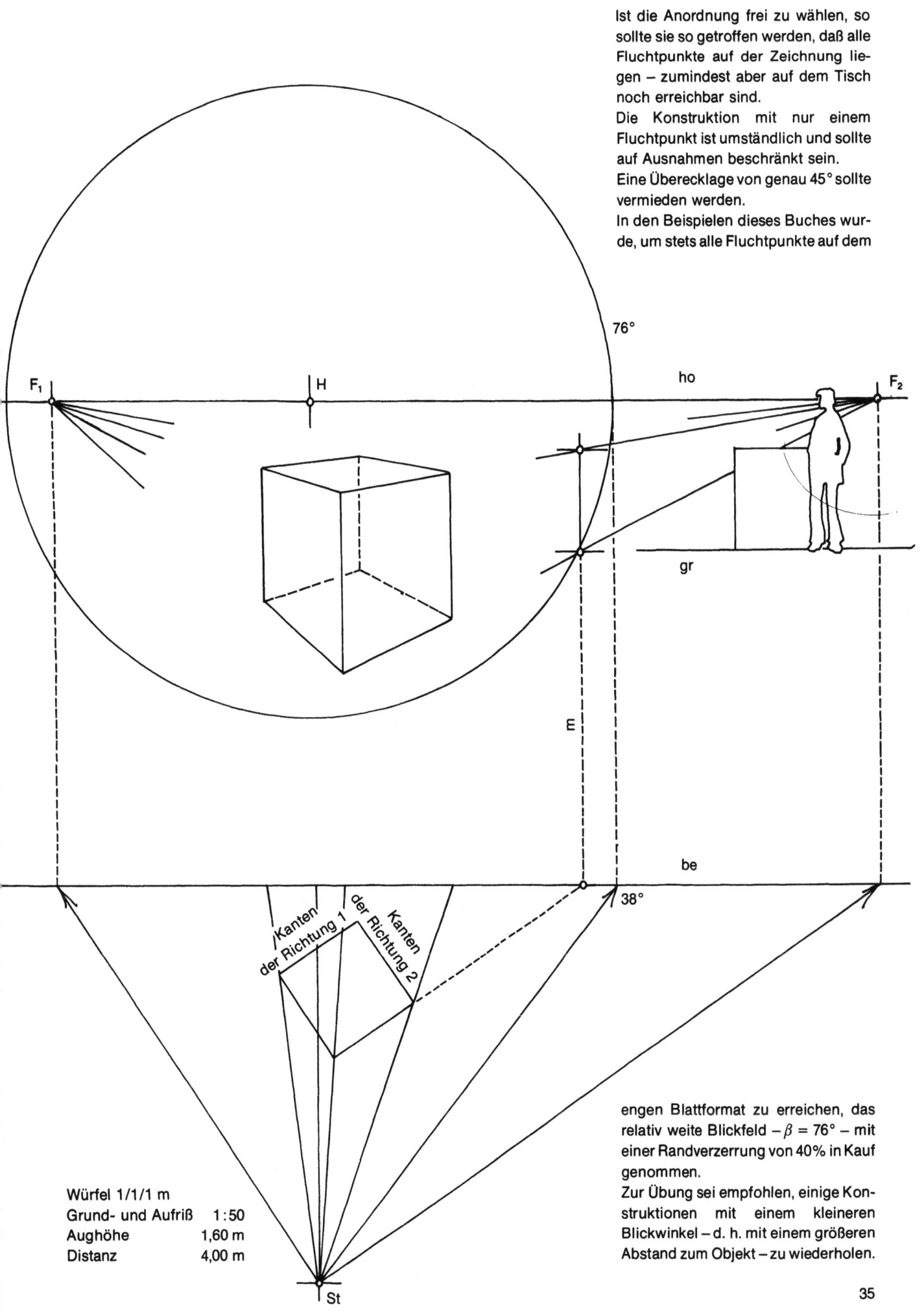

Ist die Anordnung frei zu wählen, so sollte sie so getroffen werden, daß alle Fluchtpunkte auf der Zeichnung liegen – zumindest aber auf dem Tisch noch erreichbar sind.

Die Konstruktion mit nur einem Fluchtpunkt ist umständlich und sollte auf Ausnahmen beschränkt sein.

Eine Überecklage von genau 45° sollte vermieden werden.

In den Beispielen dieses Buches wurde, um stets alle Fluchtpunkte auf dem engen Blattformat zu erreichen, das relativ weite Blickfeld – $\beta = 76°$ – mit einer Randverzerrung von 40% in Kauf genommen.

Zur Übung sei empfohlen, einige Konstruktionen mit einem kleineren Blickwinkel – d. h. mit einem größeren Abstand zum Objekt – zu wiederholen.

Würfel 1/1/1 m
Grund- und Aufriß   1:50
Aughöhe   1,60 m
Distanz   4,00 m

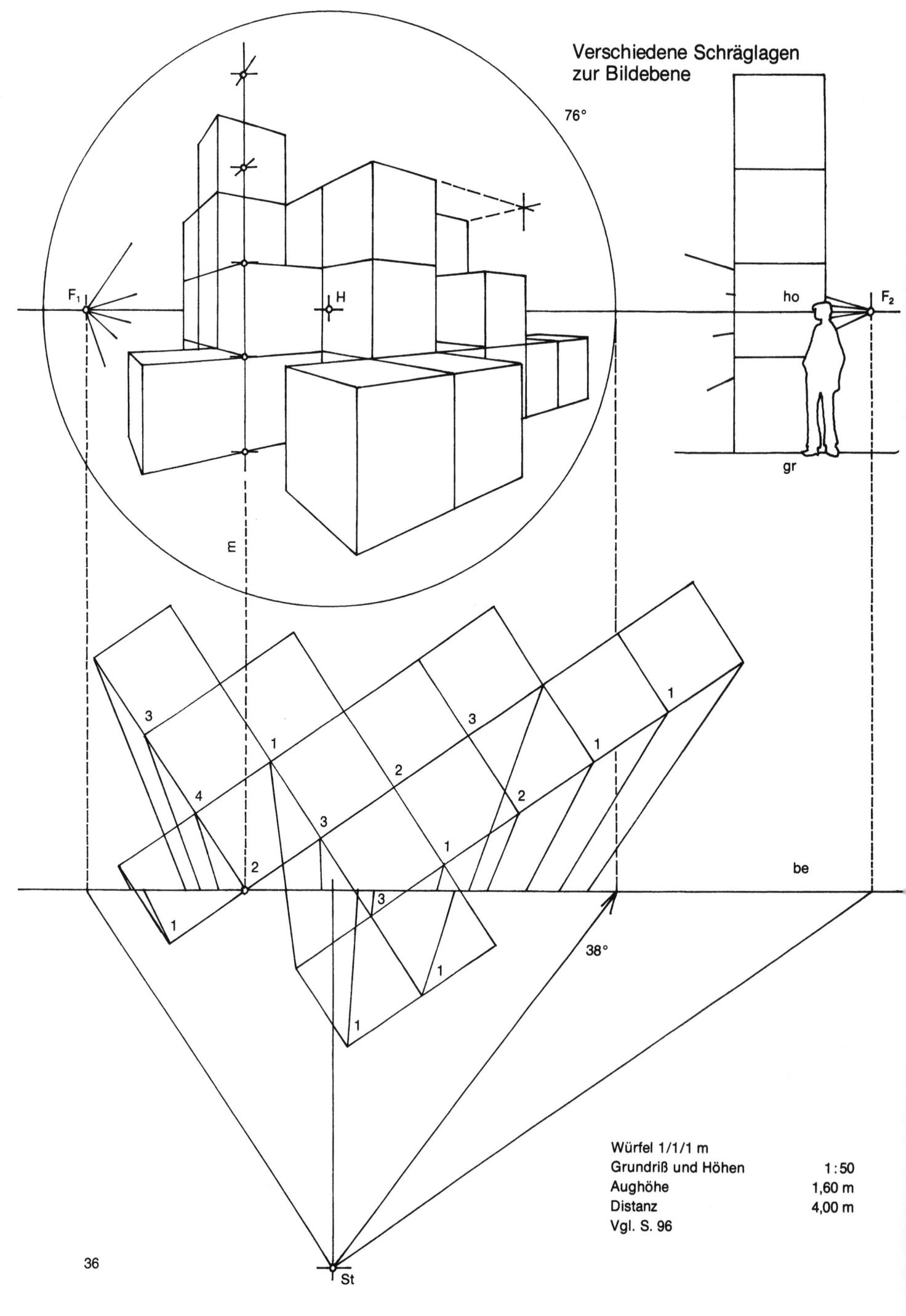

Verschiedene Schräglagen zur Bildebene

Würfel 1/1/1 m
Grundriß und Höhen 1:50
Aughöhe 1,60 m
Distanz 4,00 m
Vgl. S. 96

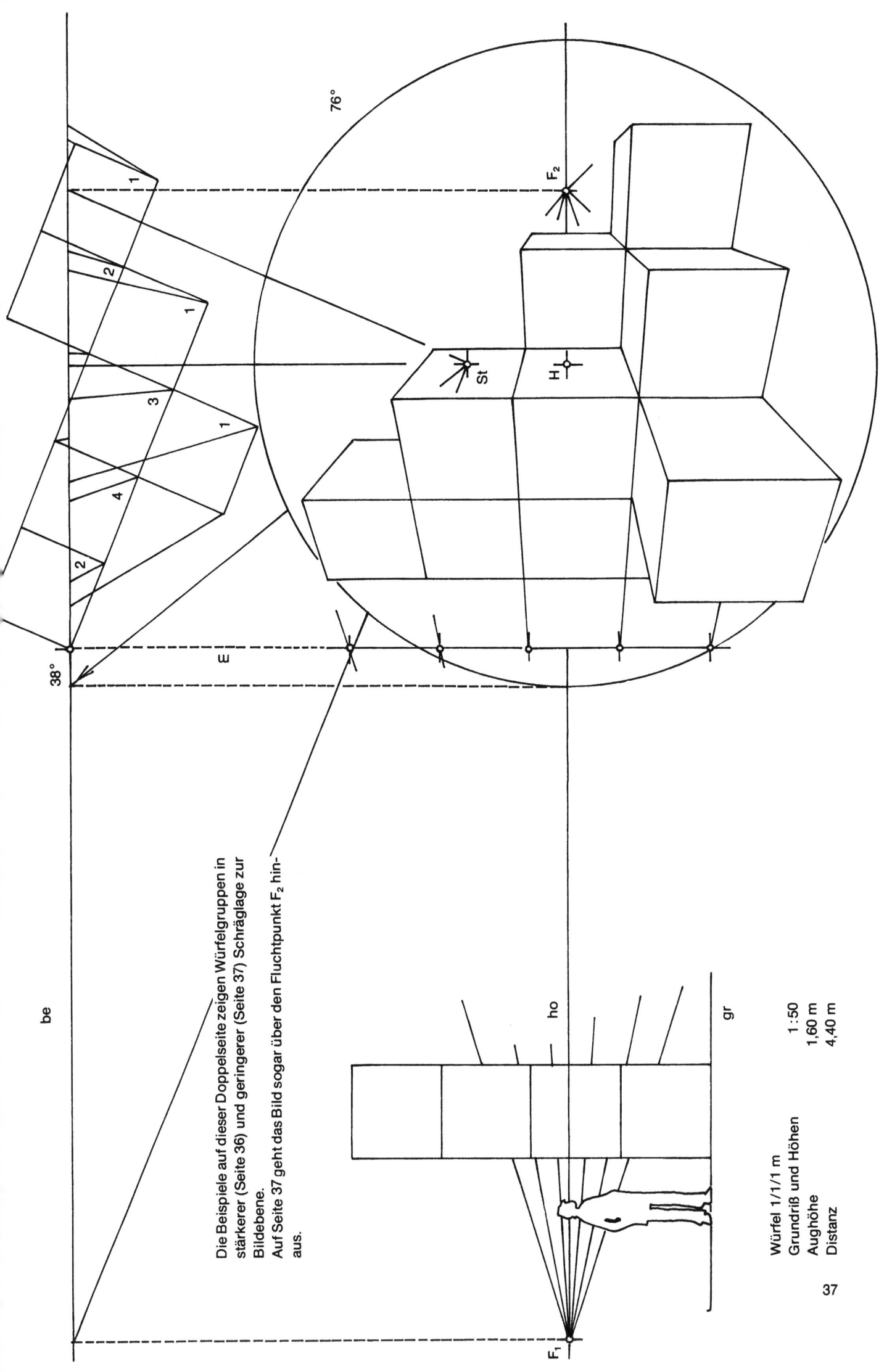

Für die Zeichnung der schrägen Stahlstäbe müssen die beiden Endpunkte konstruiert werden, was hier, um die Übersichtlichkeit der Zeichnung nicht zu stören, nicht gezeigt ist.
Mit Hilfe von Rampenfluchtpunkten (s.S. 57) wird die Konstruktion einfacher.

Es wird dem Leser empfohlen, nach dem Studium von Kapitel 10 „Rampenfluchtpunkte" den Fluchtpunkt für diejenigen Stahlstäbe, welche nach rechts oben ansteigen, in die Perspektive einzuzeichnen.

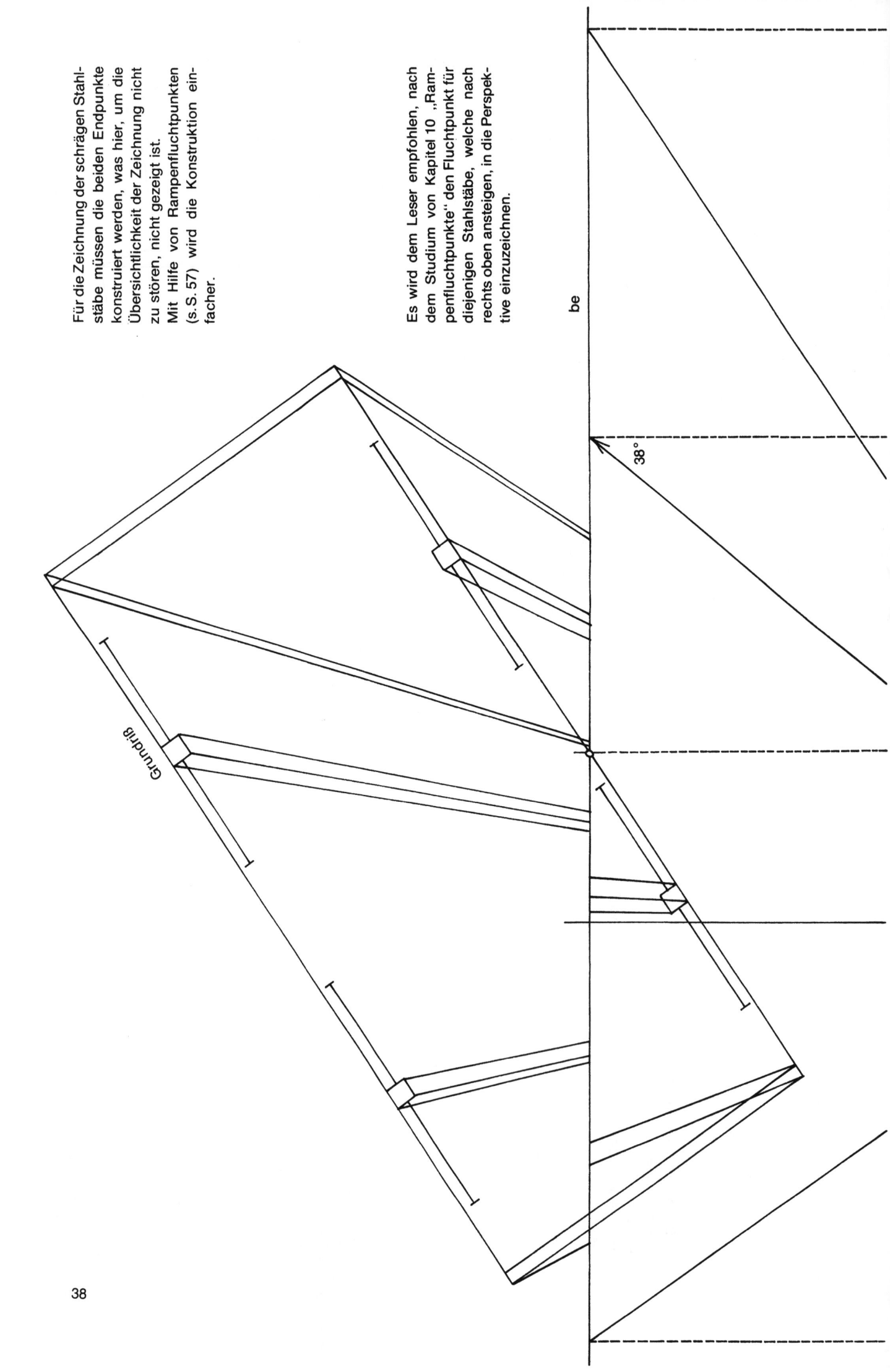

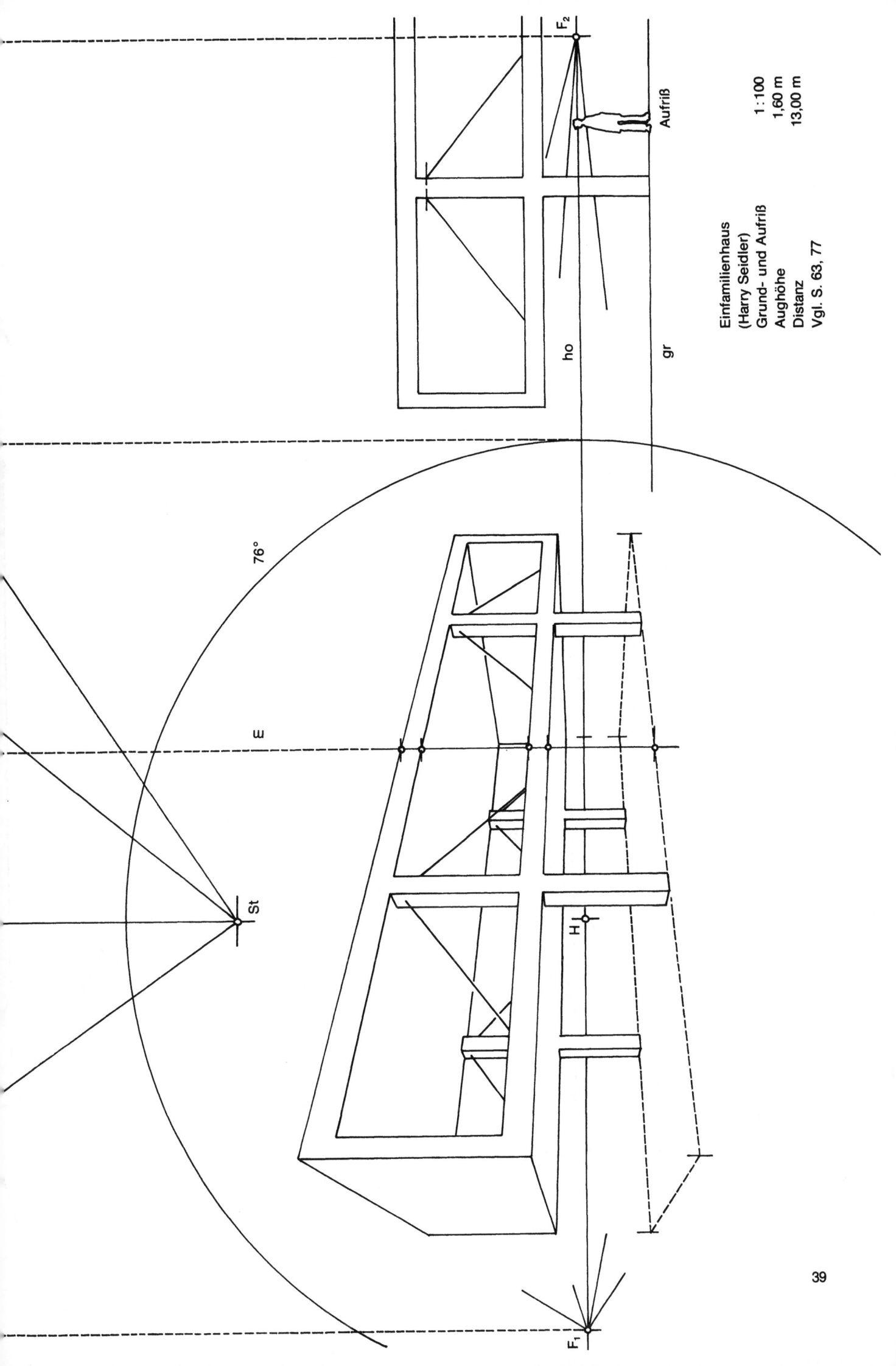

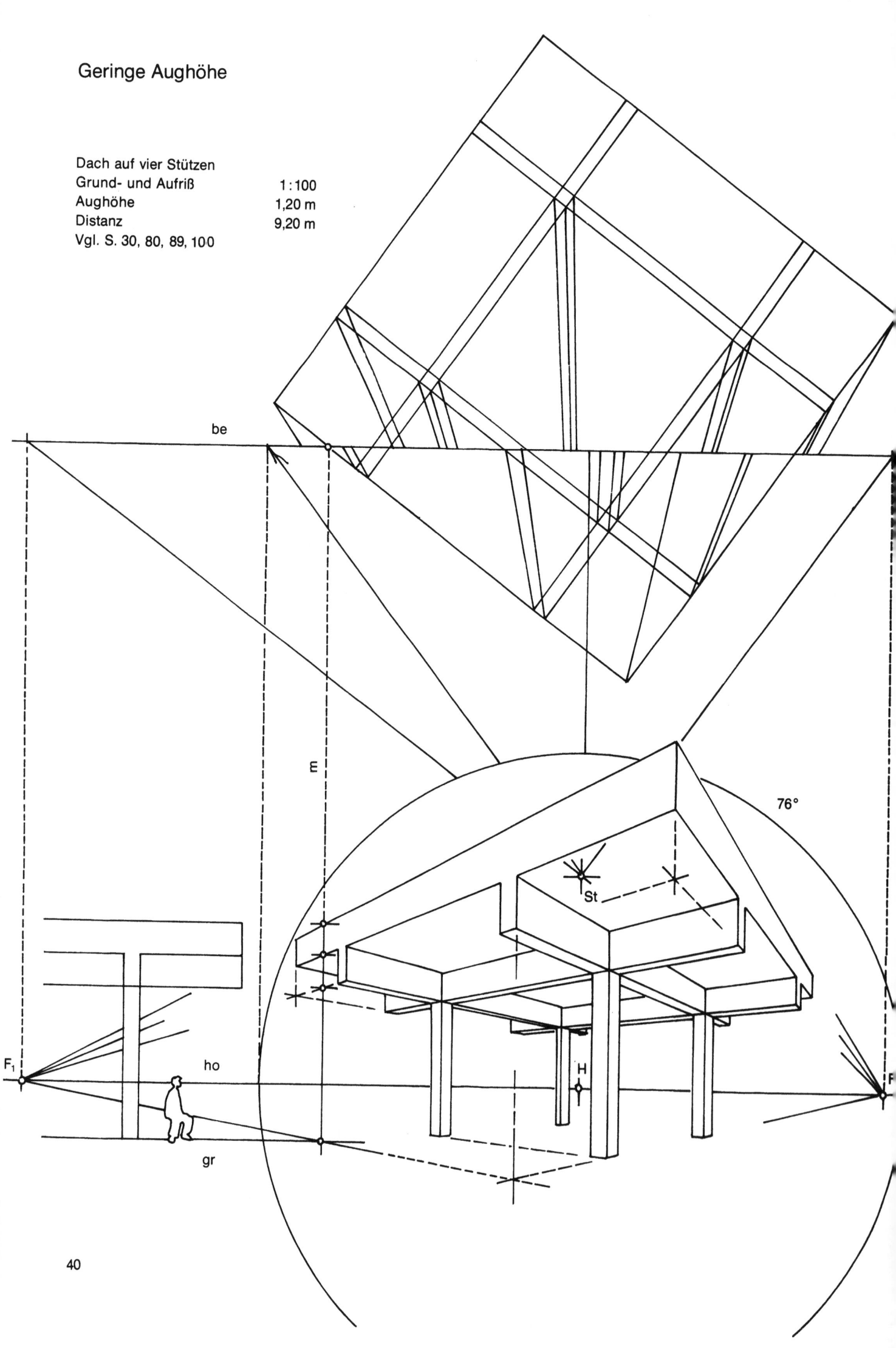

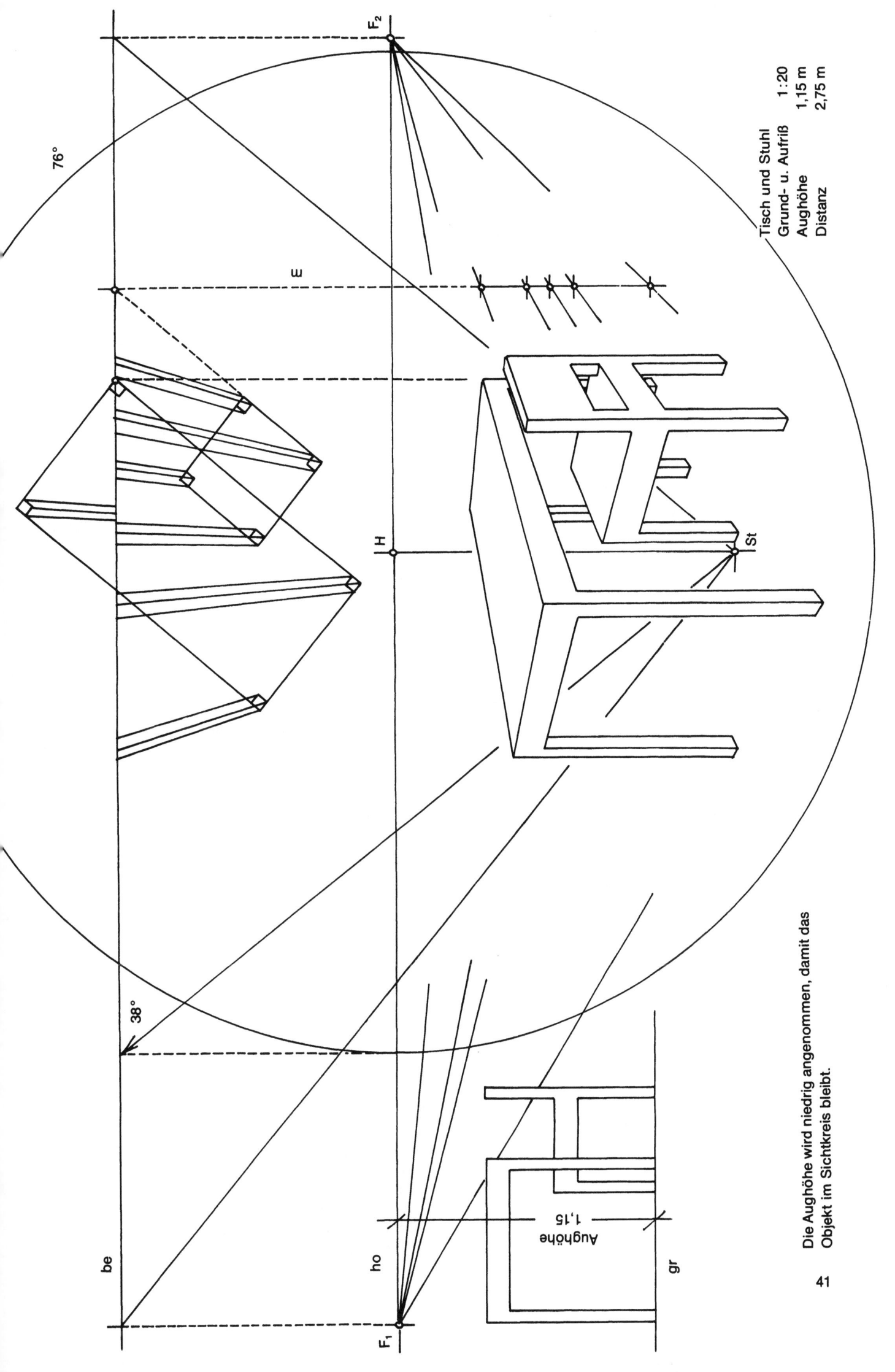

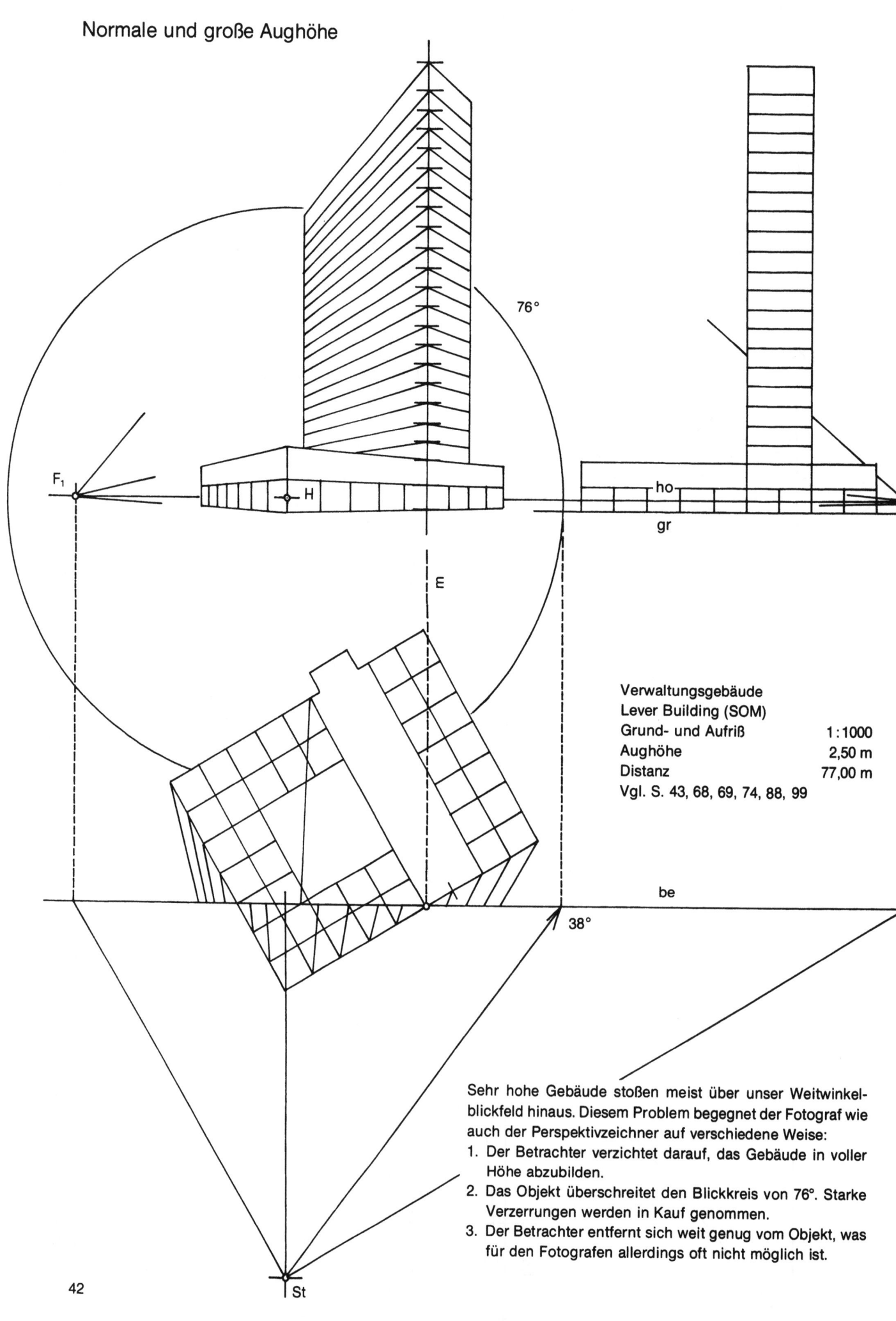

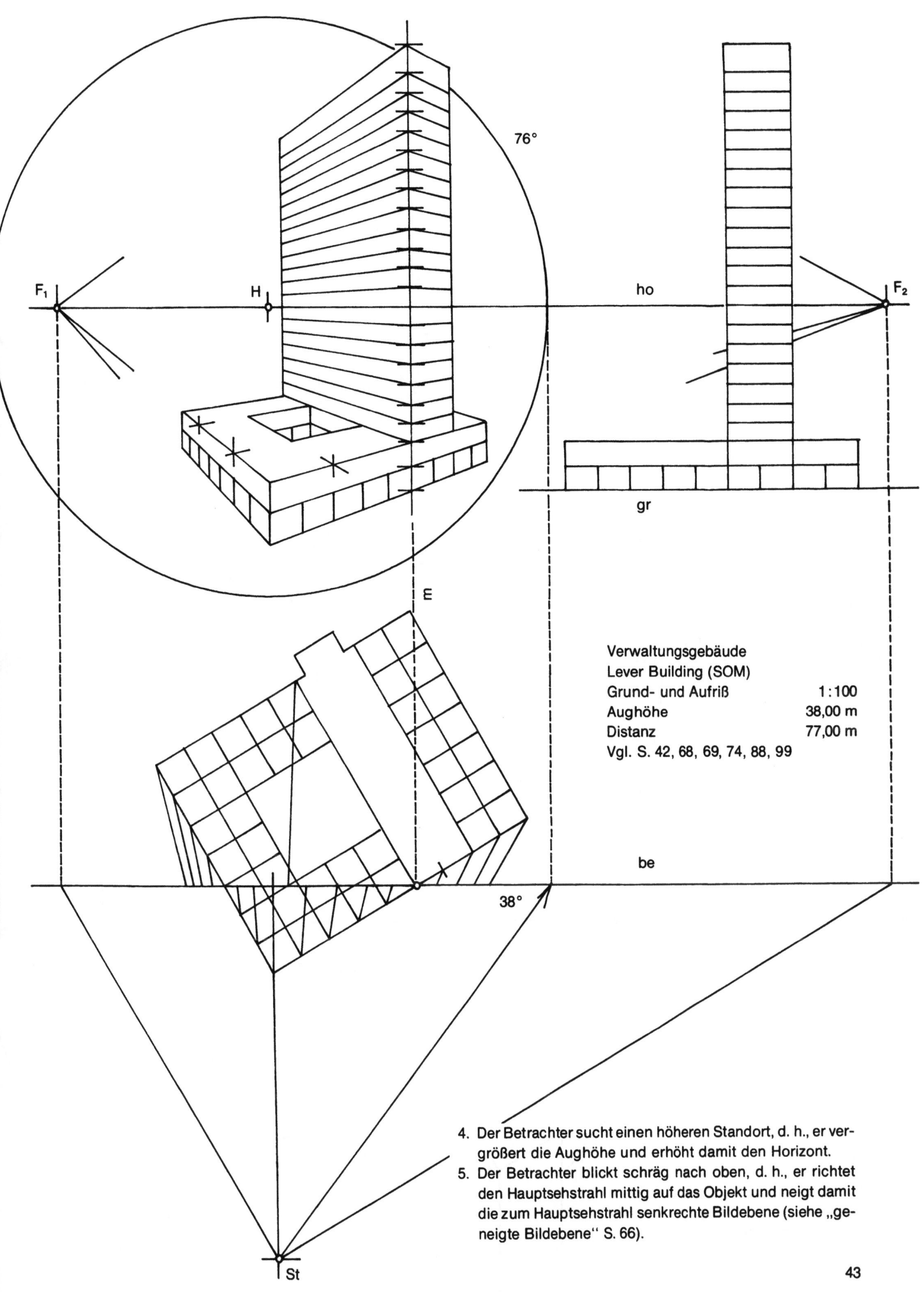

Verwaltungsgebäude
Lever Building (SOM)
Grund- und Aufriß 1:100
Aughöhe 38,00 m
Distanz 77,00 m
Vgl. S. 42, 68, 69, 74, 88, 99

4. Der Betrachter sucht einen höheren Standort, d. h., er vergrößert die Aughöhe und erhöht damit den Horizont.
5. Der Betrachter blickt schräg nach oben, d. h., er richtet den Hauptsehstrahl mittig auf das Objekt und neigt damit die zum Hauptsehstrahl senkrechte Bildebene (siehe „geneigte Bildebene" S. 66).

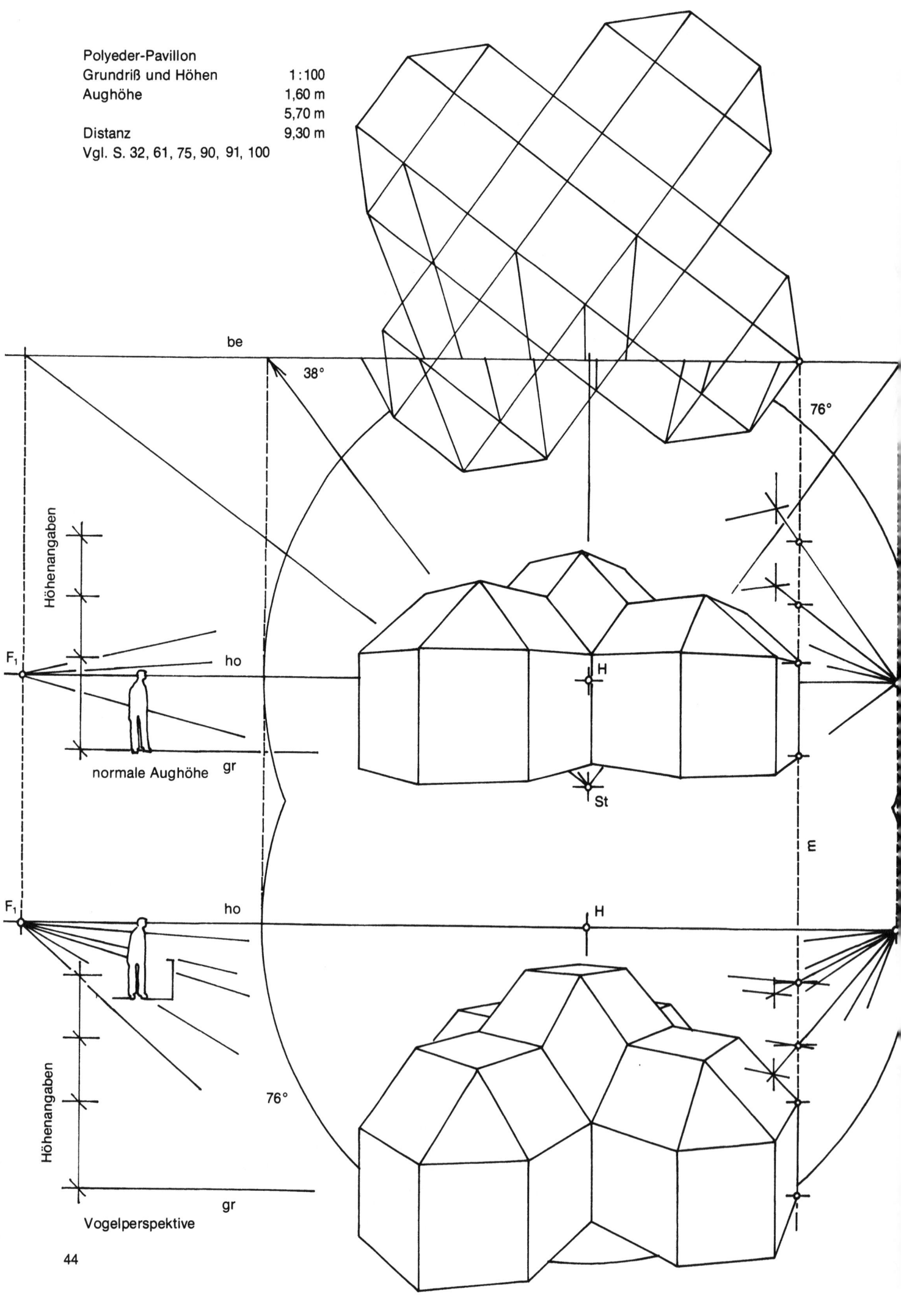

7. Der Kreis

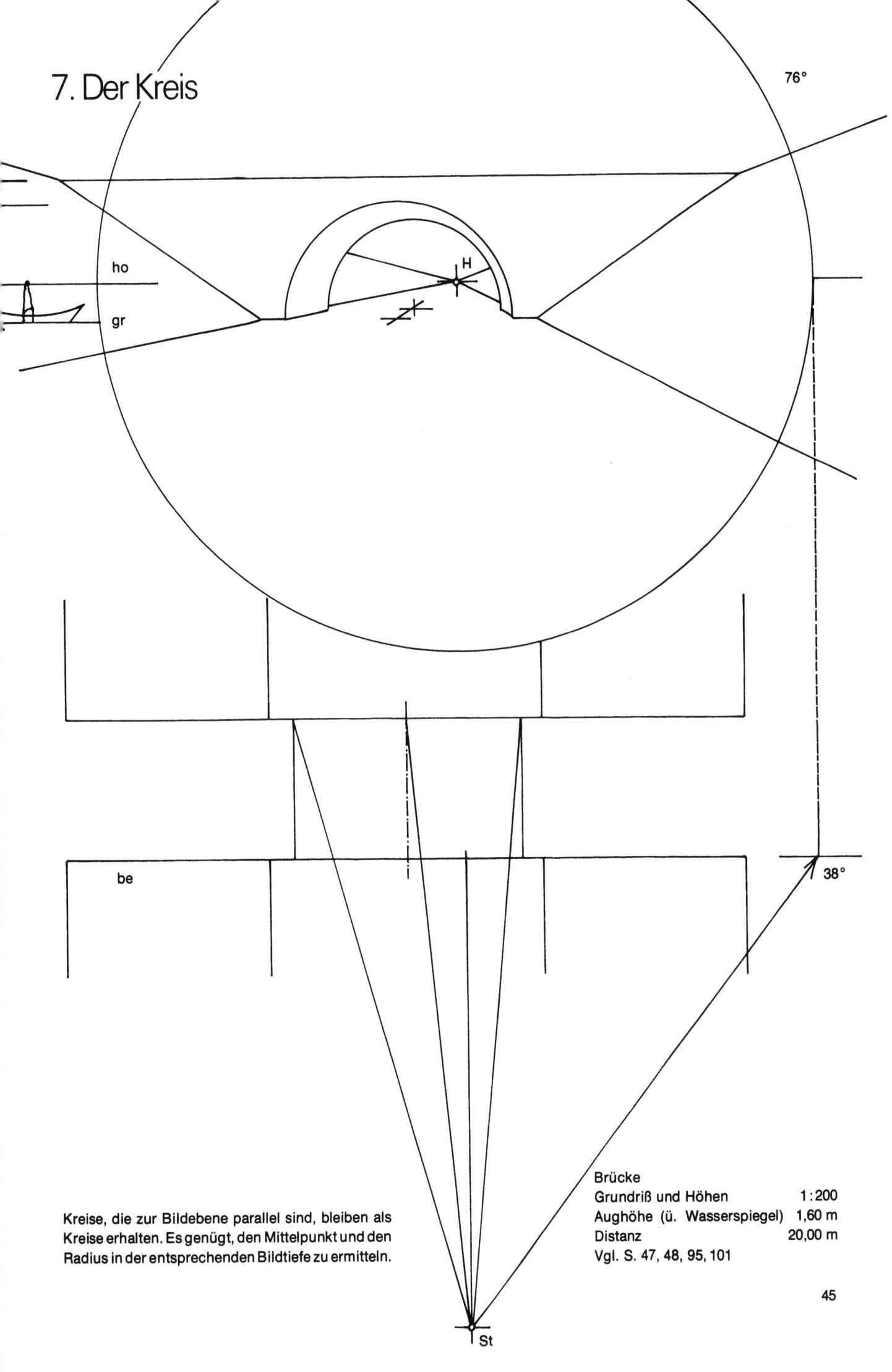

Kreise, die zur Bildebene parallel sind, bleiben als Kreise erhalten. Es genügt, den Mittelpunkt und den Radius in der entsprechenden Bildtiefe zu ermitteln.

Brücke
Grundriß und Höhen 1:200
Aughöhe (ü. Wasserspiegel) 1,60 m
Distanz 20,00 m
Vgl. S. 47, 48, 95, 101

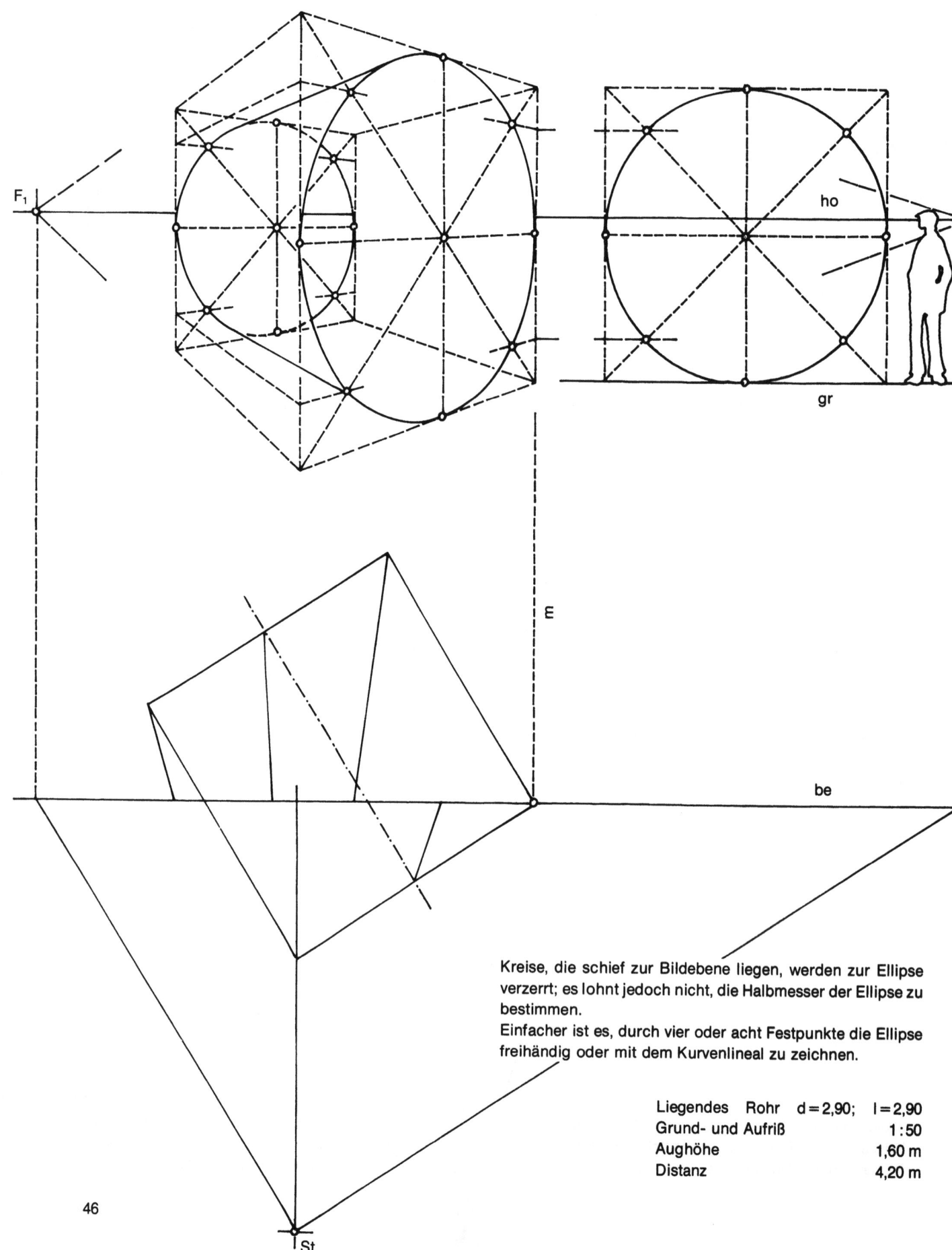

Kreise, die schief zur Bildebene liegen, werden zur Ellipse verzerrt; es lohnt jedoch nicht, die Halbmesser der Ellipse zu bestimmen.
Einfacher ist es, durch vier oder acht Festpunkte die Ellipse freihändig oder mit dem Kurvenlineal zu zeichnen.

Liegendes Rohr d = 2,90;	l = 2,90
Grund- und Aufriß	1 : 50
Aughöhe	1,60 m
Distanz	4,20 m

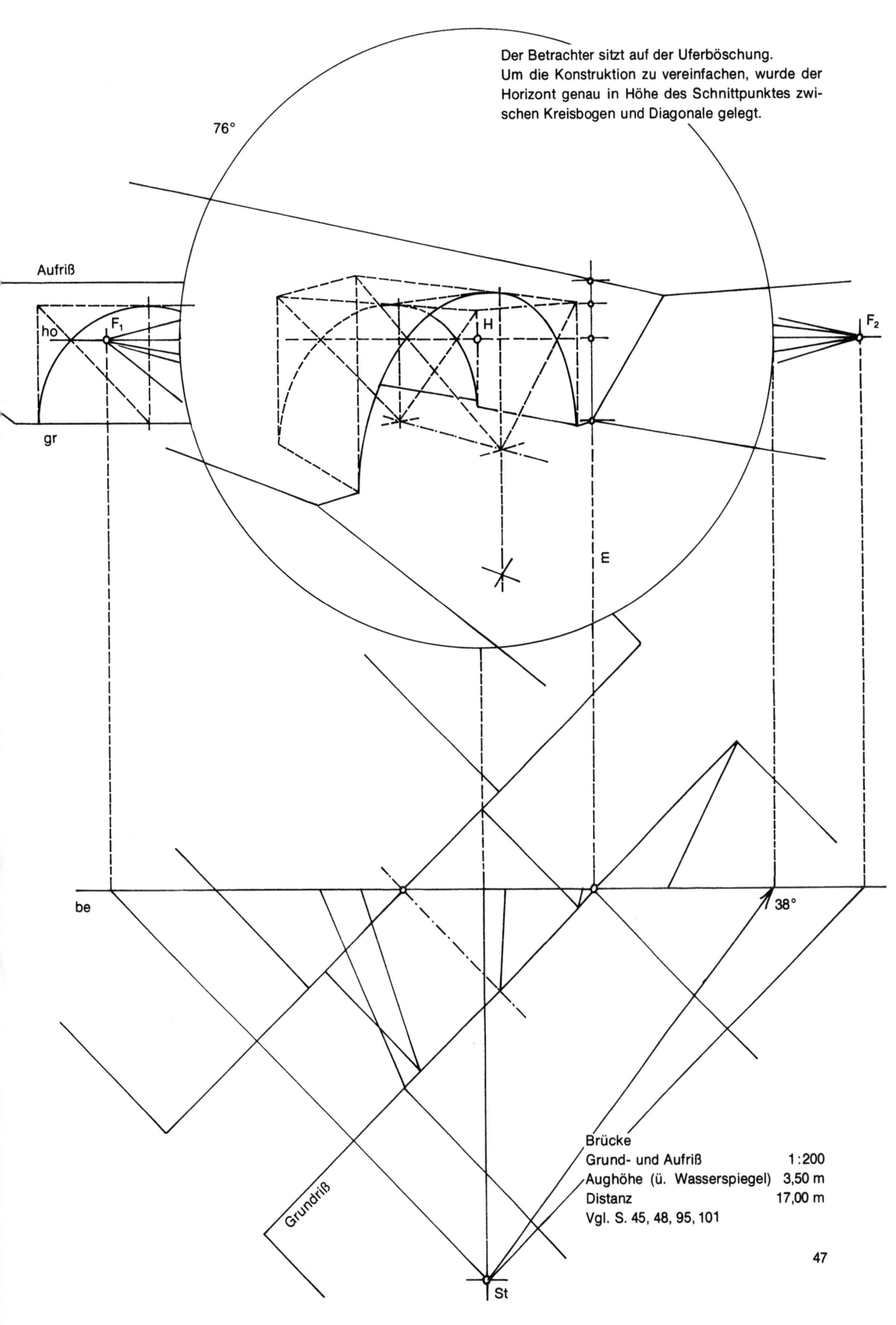

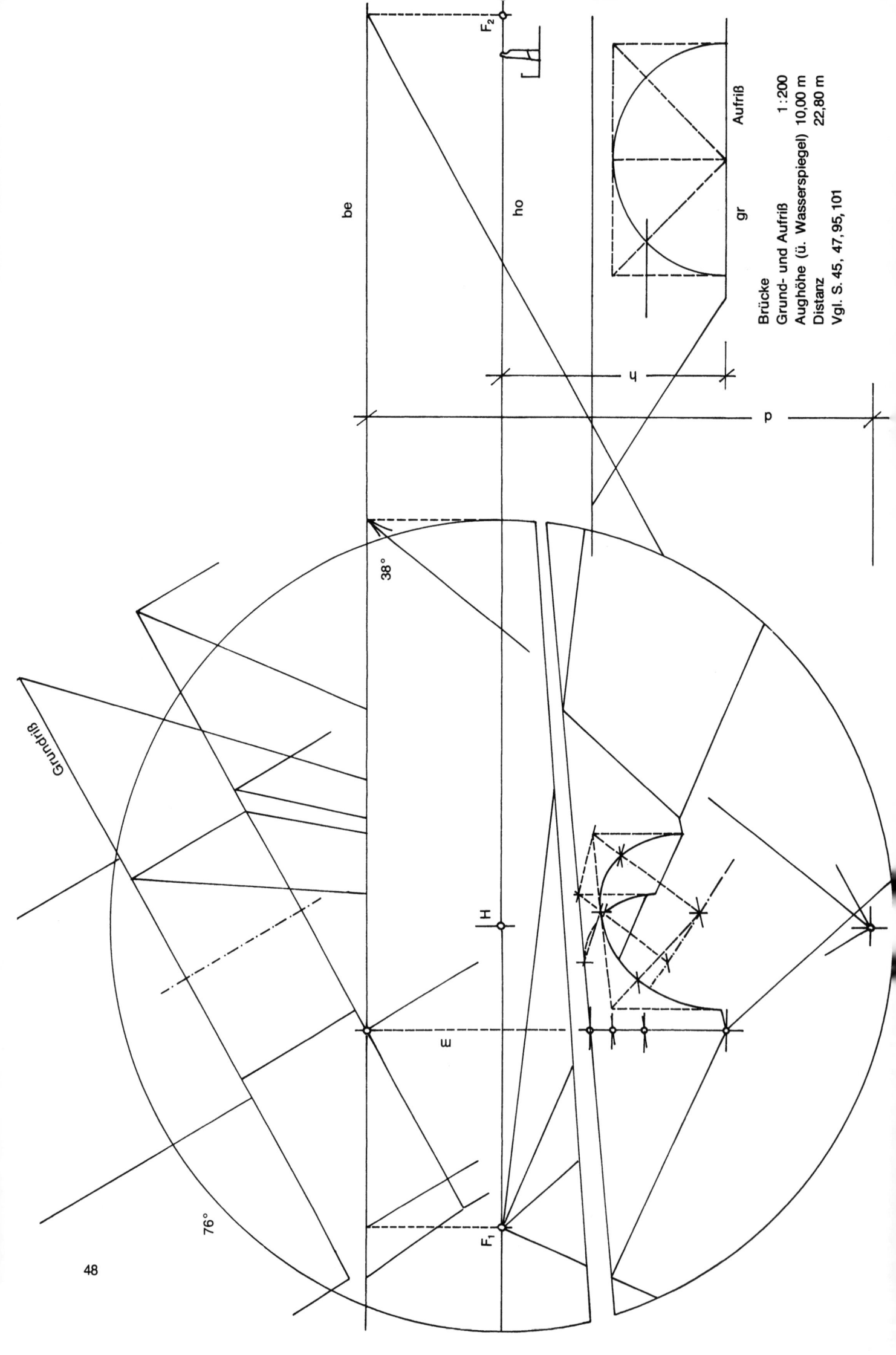

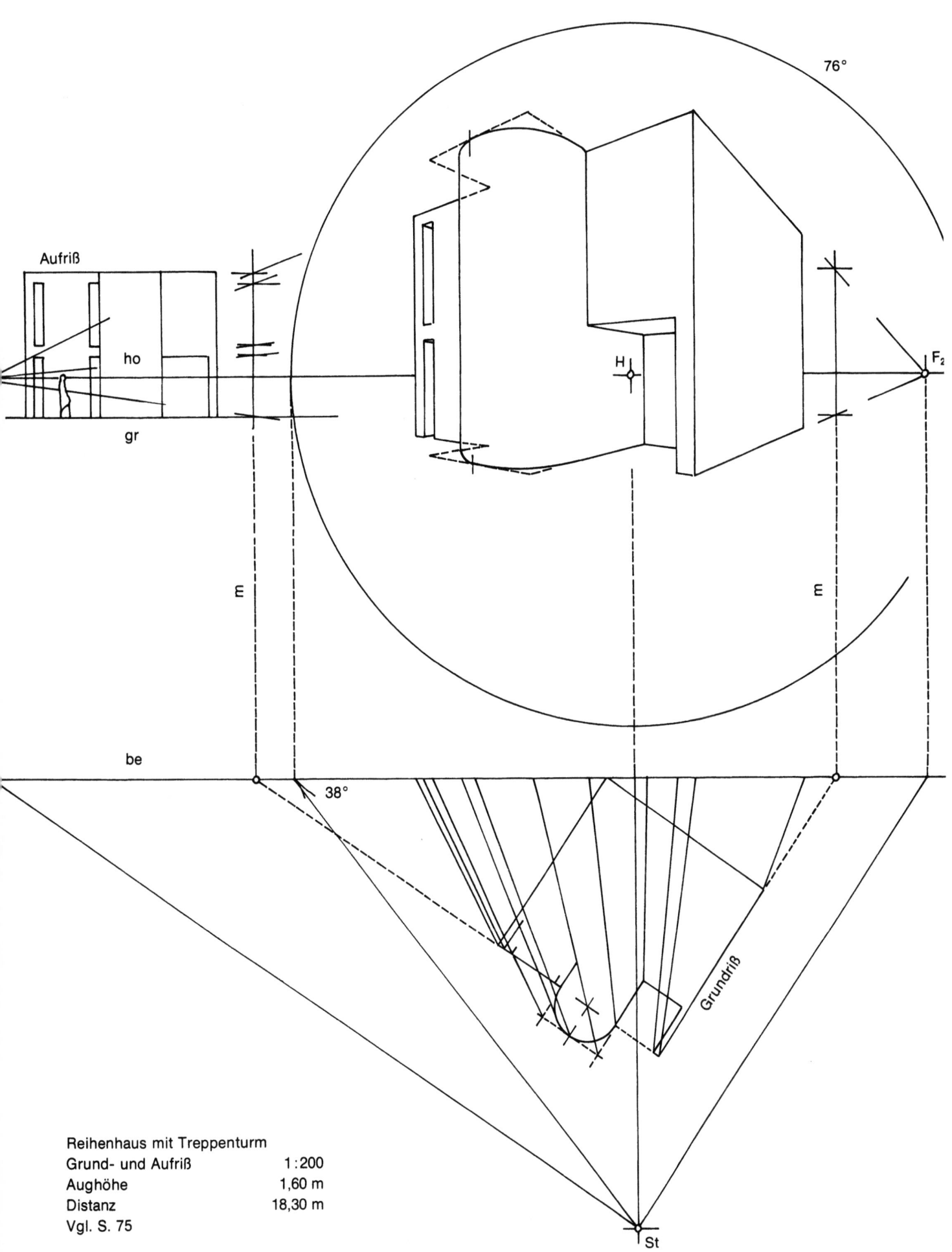

Reihenhaus mit Treppenturm
Grund- und Aufriß 1:200
Aughöhe 1,60 m
Distanz 18,30 m
Vgl. S. 75

8. Mehrere Horizontalfluchtpunkte

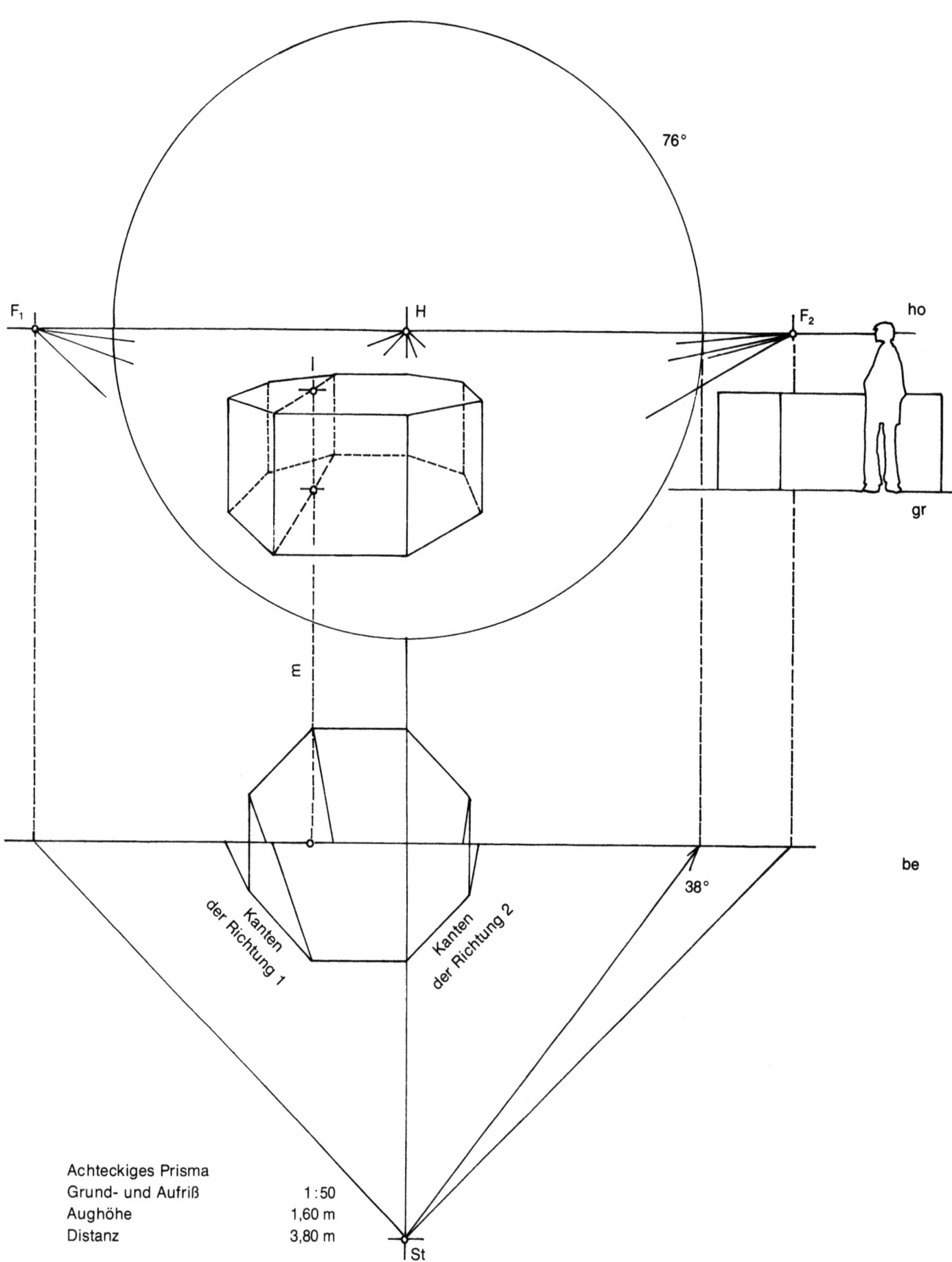

Achteckiges Prisma
Grund- und Aufriß 1:50
Aughöhe 1,60 m
Distanz 3,80 m

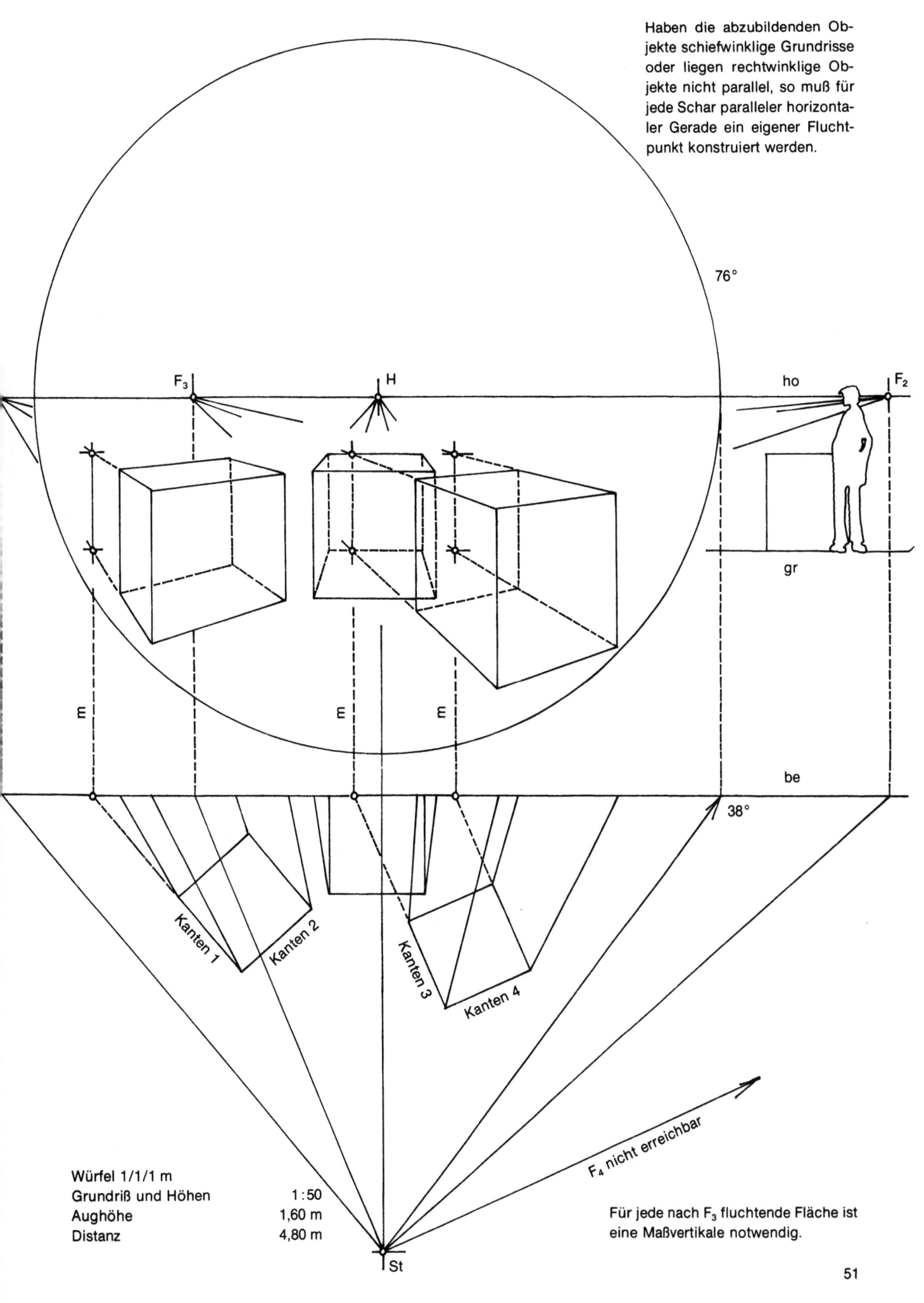

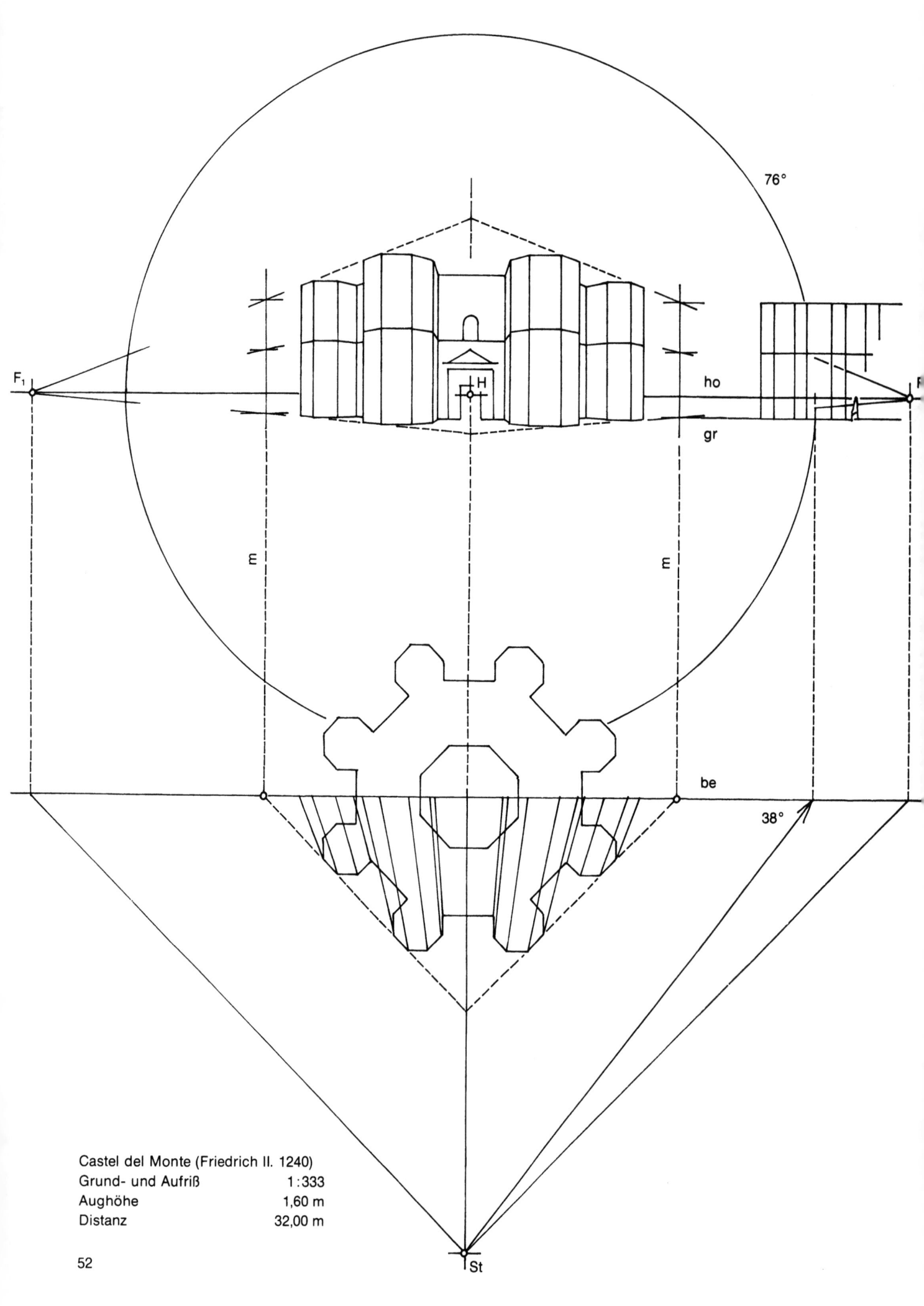

Castel del Monte (Friedrich II. 1240)
Grund- und Aufriß 1:333
Aughöhe 1,60 m
Distanz 32,00 m

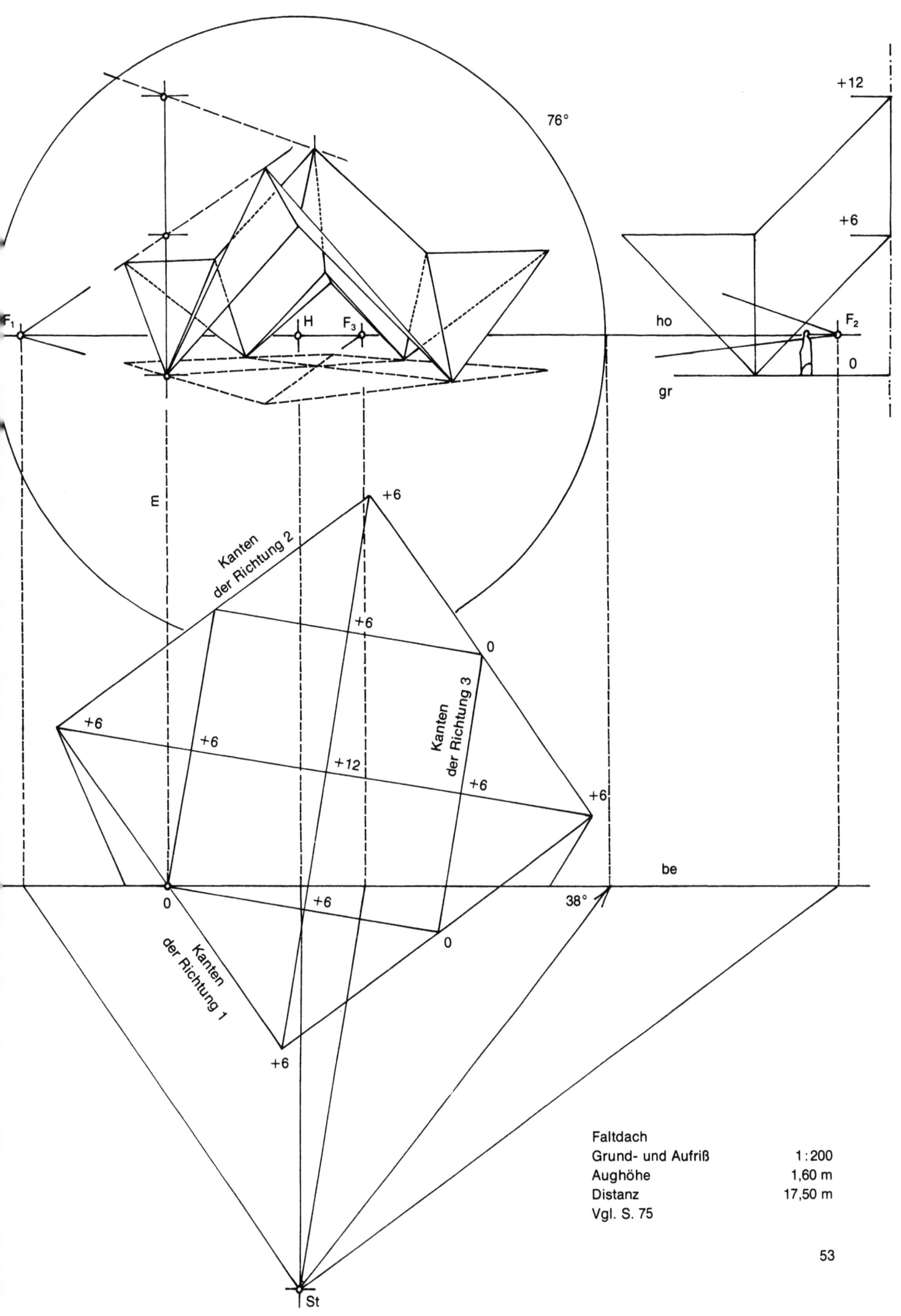

Faltdach
Grund- und Aufriß 1:200
Aughöhe 1,60 m
Distanz 17,50 m
Vgl. S. 75

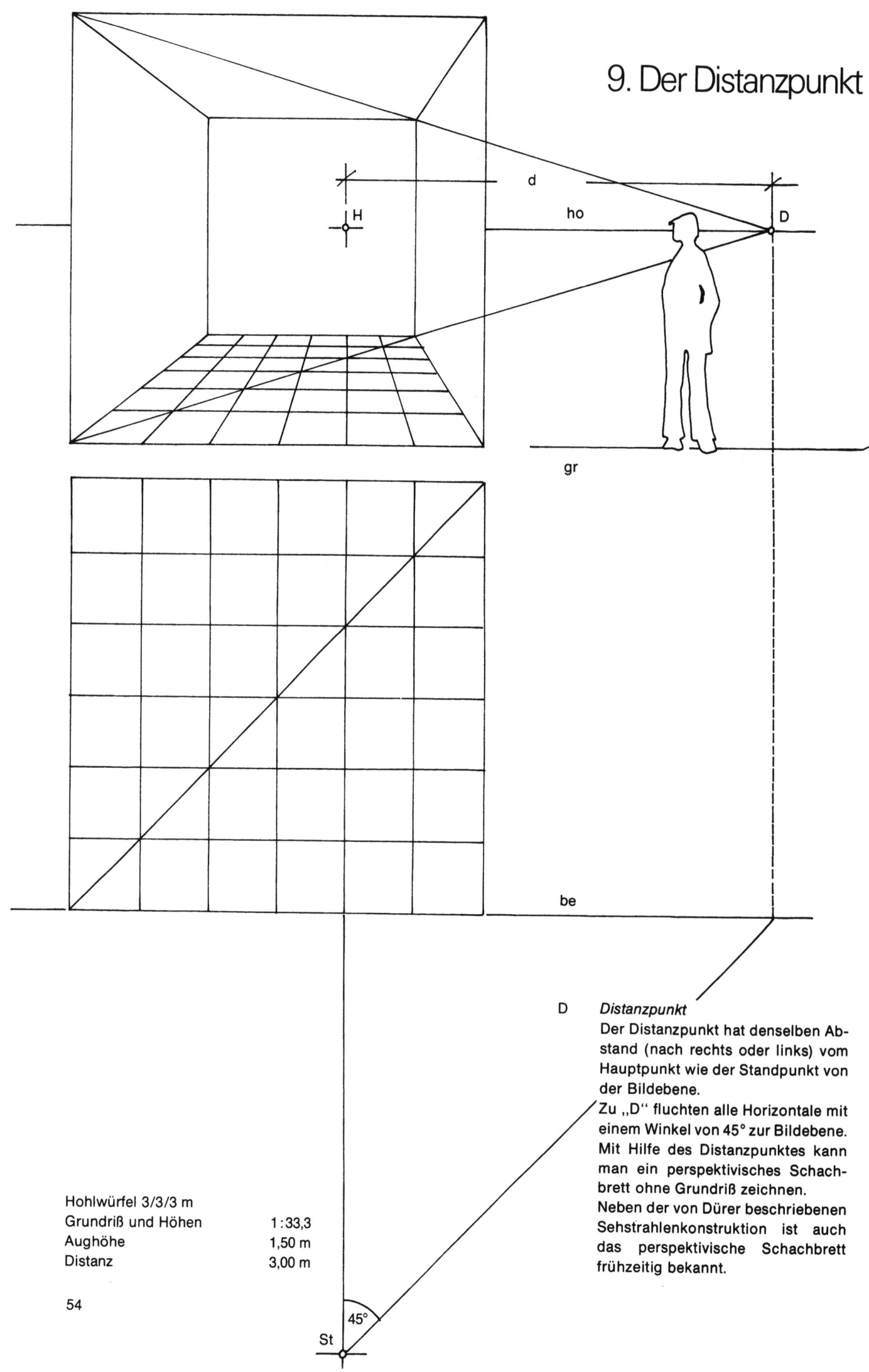

9. Der Distanzpunkt

D *Distanzpunkt*

Der Distanzpunkt hat denselben Abstand (nach rechts oder links) vom Hauptpunkt wie der Standpunkt von der Bildebene.

Zu „D" fluchten alle Horizontale mit einem Winkel von 45° zur Bildebene. Mit Hilfe des Distanzpunktes kann man ein perspektivisches Schachbrett ohne Grundriß zeichnen.

Neben der von Dürer beschriebenen Sehstrahlenkonstruktion ist auch das perspektivische Schachbrett frühzeitig bekannt.

Hohlwürfel 3/3/3 m
Grundriß und Höhen 1:33,3
Aughöhe 1,50 m
Distanz 3,00 m

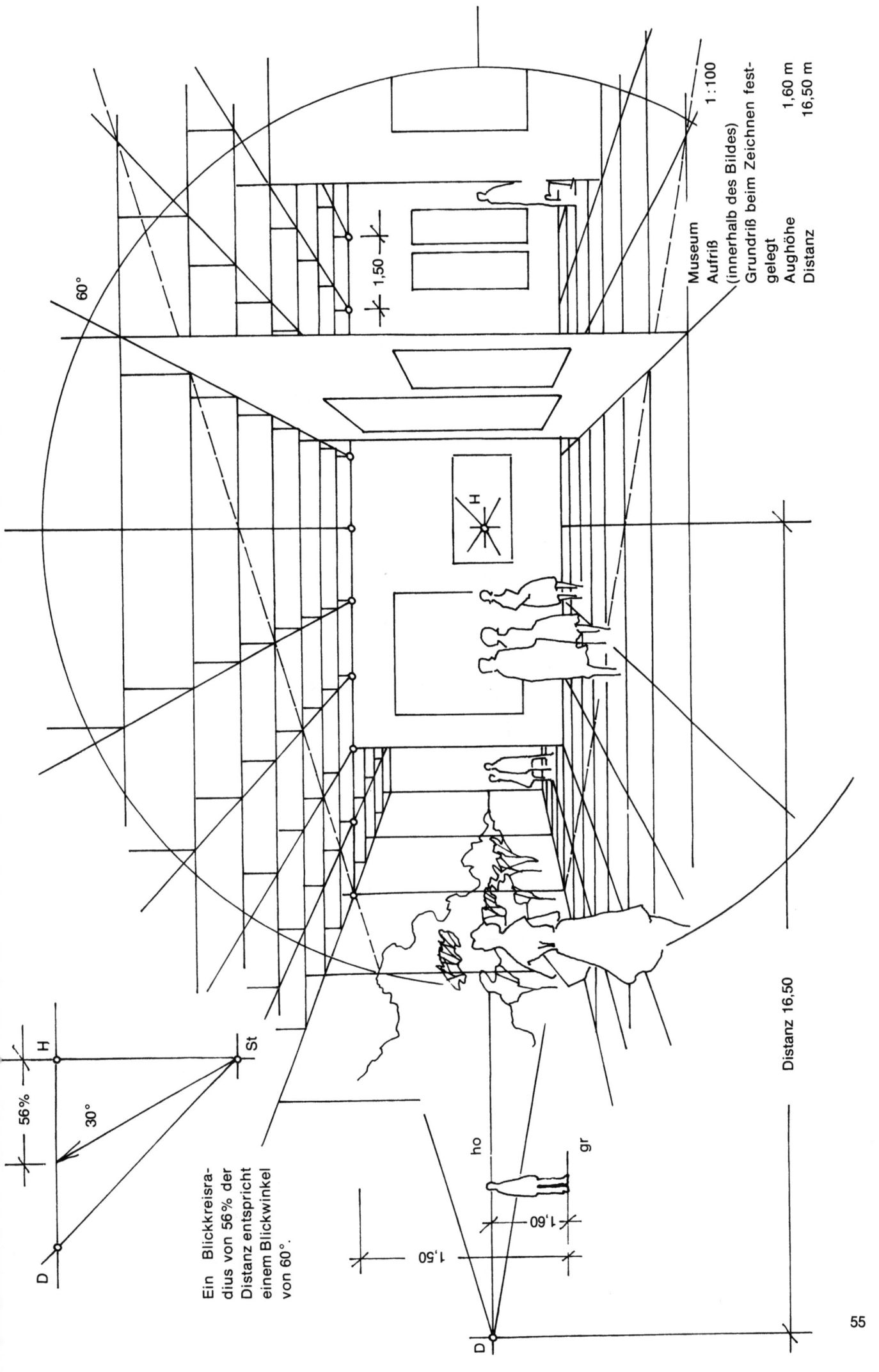

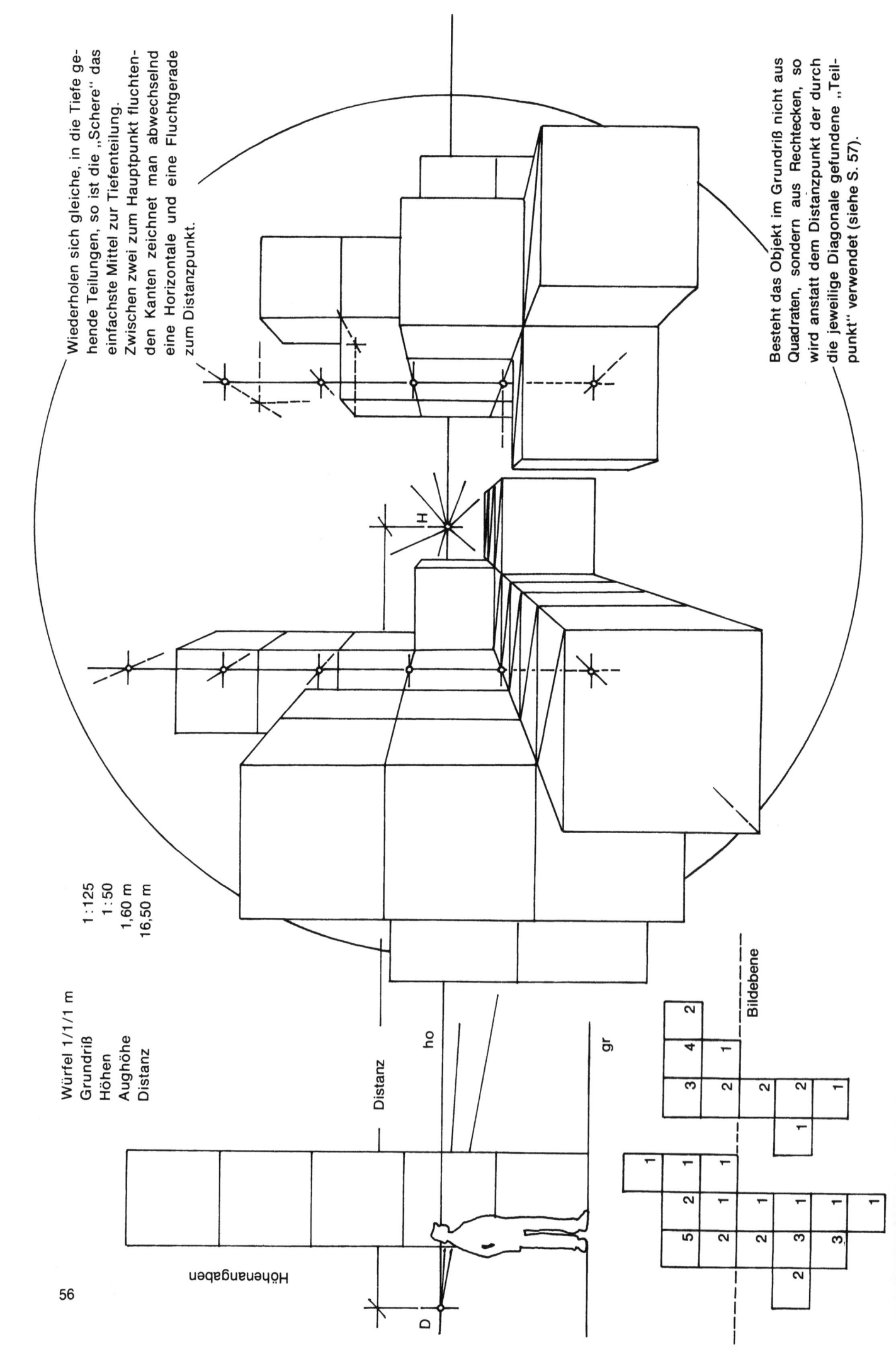

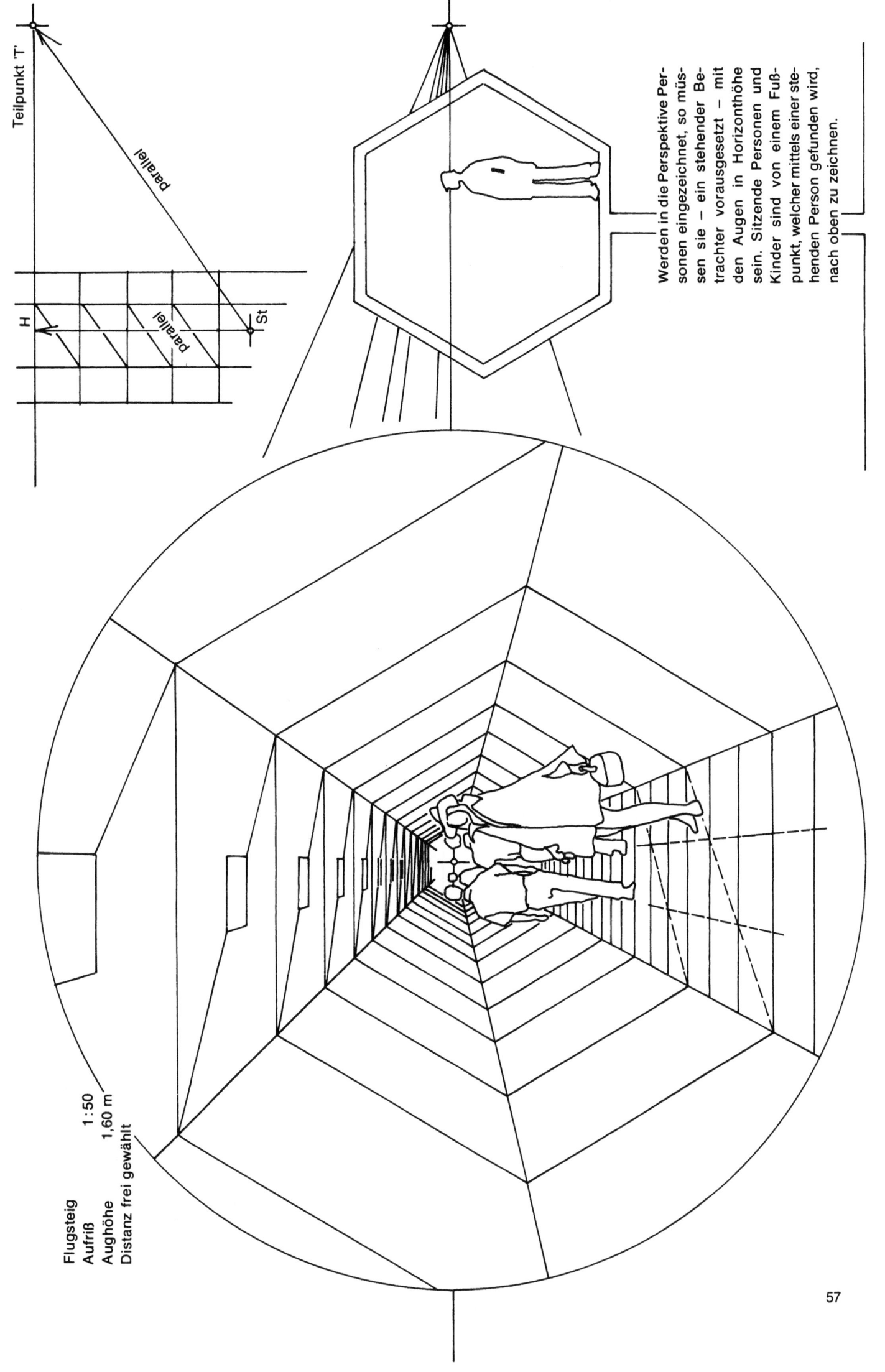

Teilpunkt 'T'
parallel
H
parallel
St

Werden in die Perspektive Personen eingezeichnet, so müssen sie – ein stehender Betrachter vorausgesetzt – mit den Augen in Horizonthöhe sein. Sitzende Personen und Kinder sind von einem Fußpunkt, welcher mittels einer stehenden Person gefunden wird, nach oben zu zeichnen.

Flugsteig
Aufriß 1:50
Aughöhe 1,60 m
Distanz frei gewählt

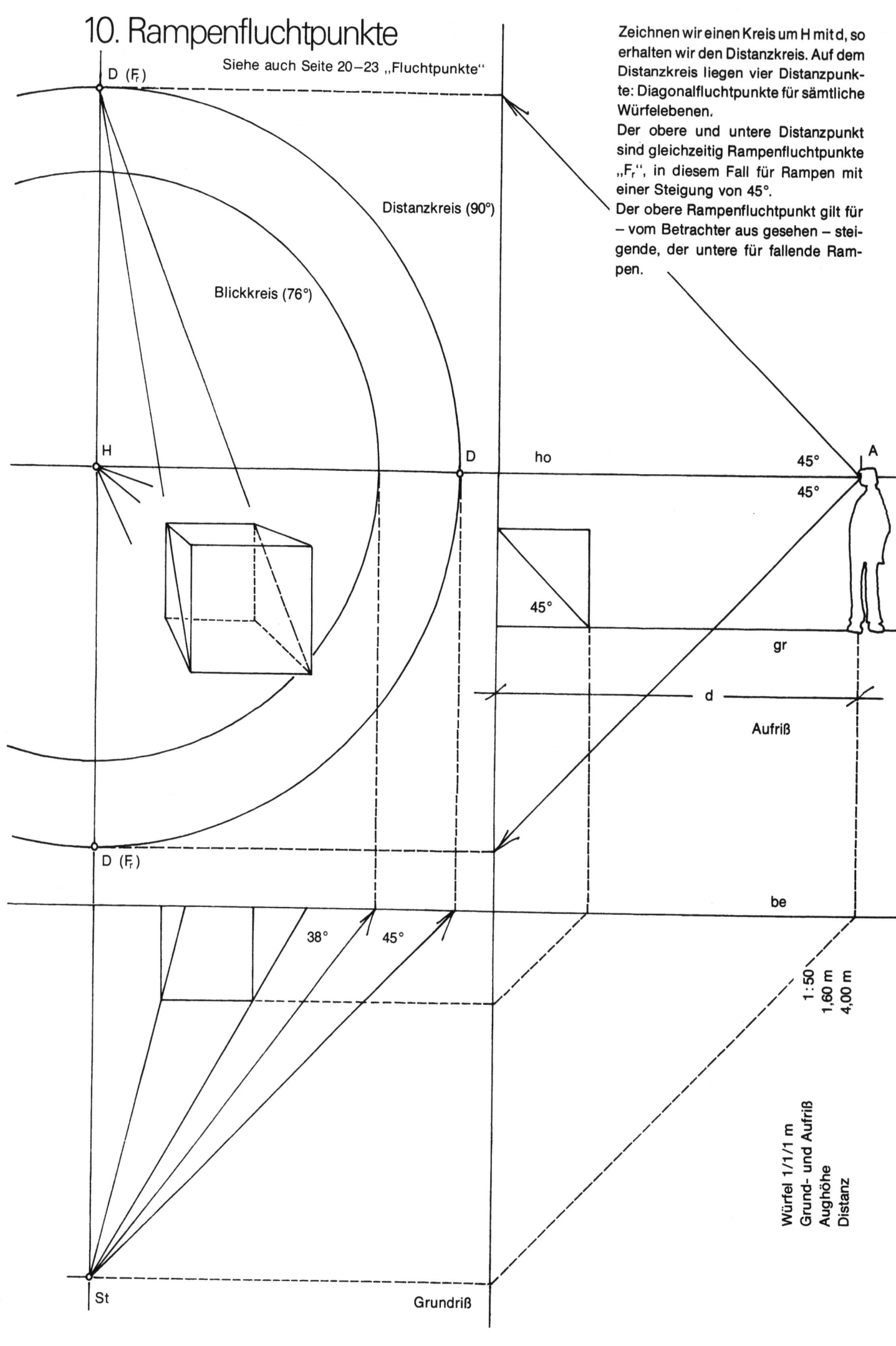

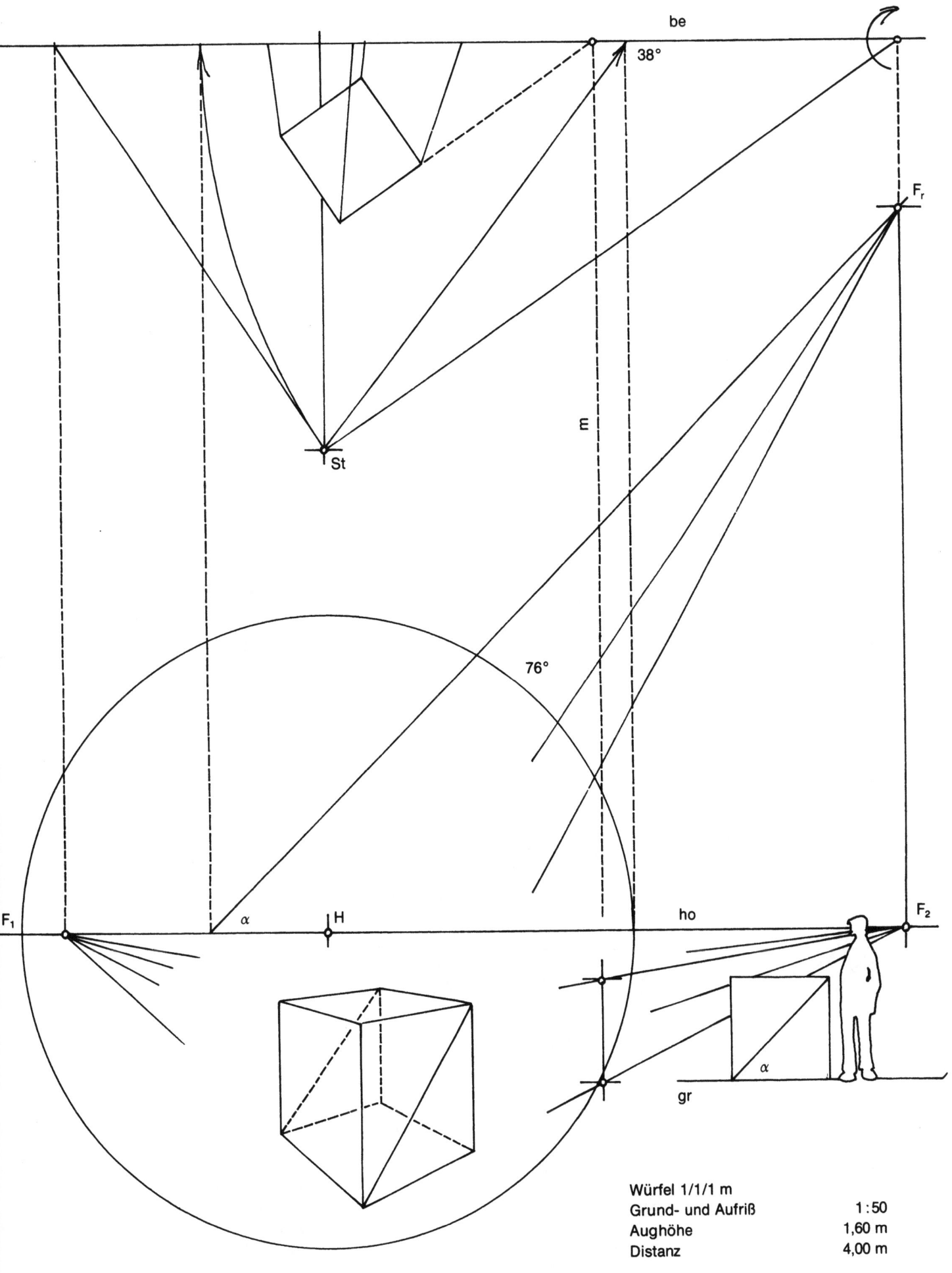

Würfel 1/1/1 m
Grund- und Aufriß 1:50
Aughöhe 1,60 m
Distanz 4,00 m

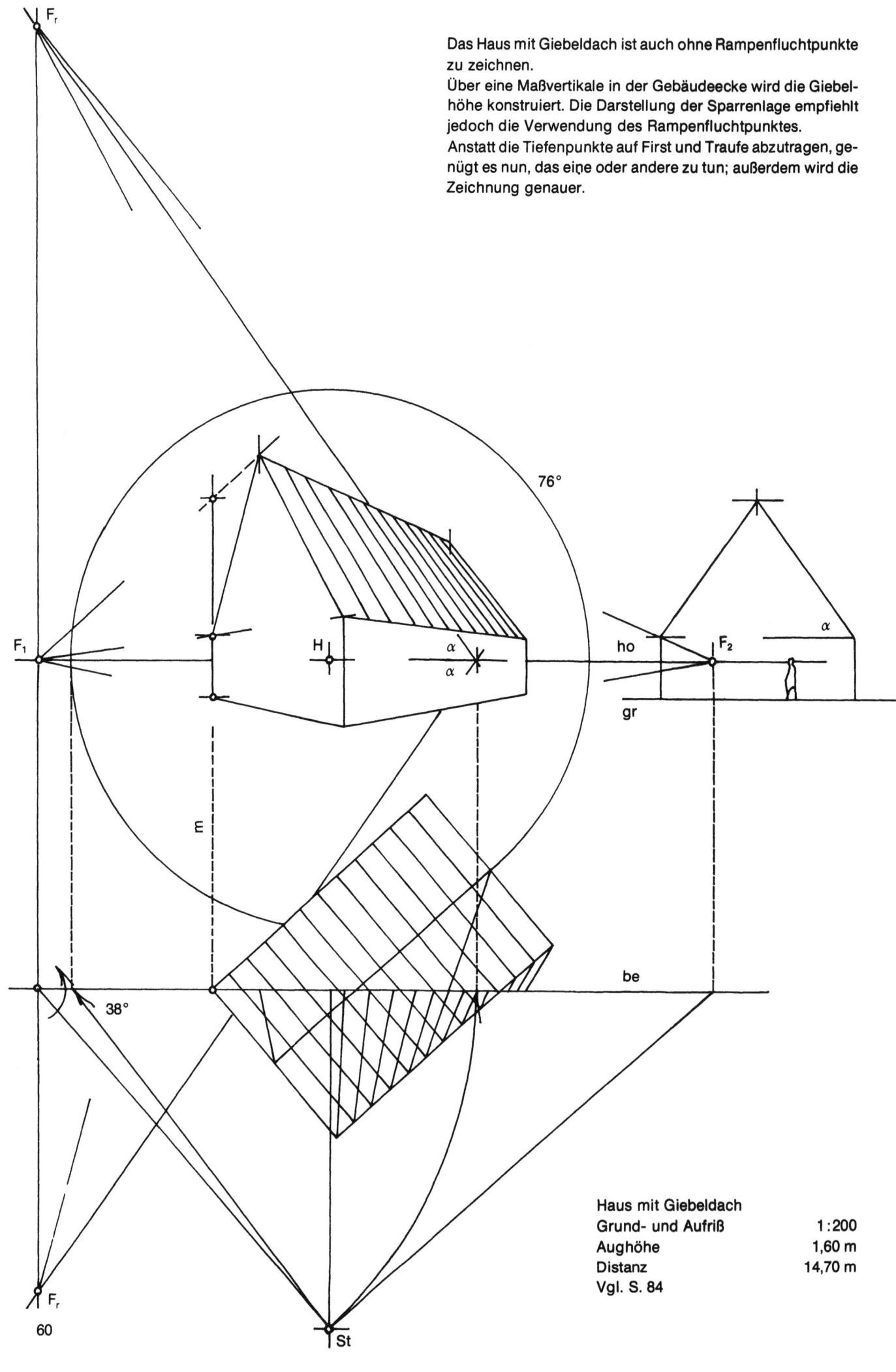

Das Haus mit Giebeldach ist auch ohne Rampenfluchtpunkte zu zeichnen.
Über eine Maßvertikale in der Gebäudeecke wird die Giebelhöhe konstruiert. Die Darstellung der Sparrenlage empfiehlt jedoch die Verwendung des Rampenfluchtpunktes.
Anstatt die Tiefenpunkte auf First und Traufe abzutragen, genügt es nun, das eine oder andere zu tun; außerdem wird die Zeichnung genauer.

Haus mit Giebeldach
Grund- und Aufriß 1:200
Aughöhe 1,60 m
Distanz 14,70 m
Vgl. S. 84

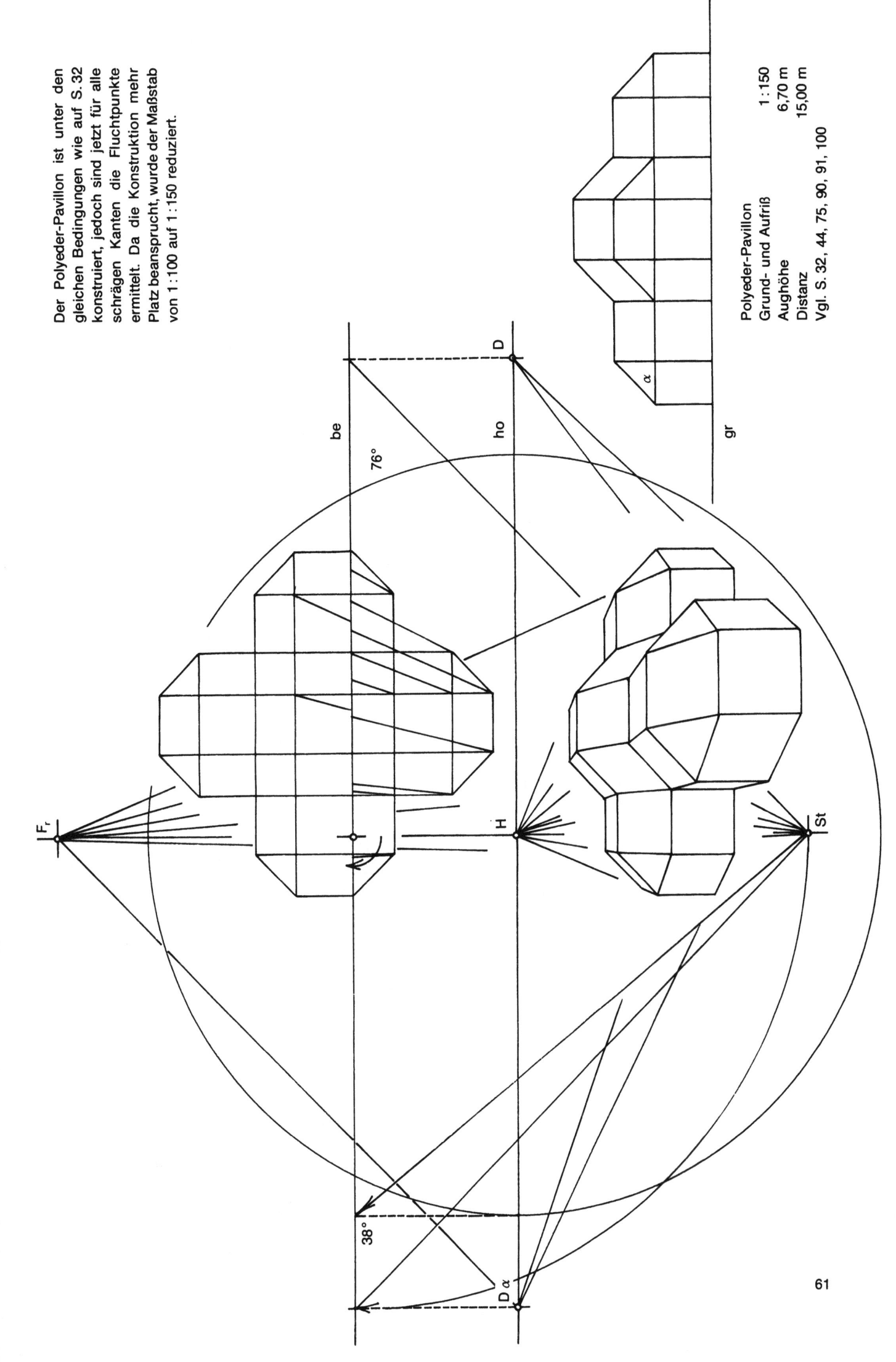

Der Polyeder-Pavillon ist unter den gleichen Bedingungen wie auf S. 32 konstruiert, jedoch sind jetzt für alle schrägen Kanten die Fluchtpunkte ermittelt. Da die Konstruktion mehr Platz beansprucht, wurde der Maßstab von 1:100 auf 1:150 reduziert.

Polyeder-Pavillon 1:150
Grund- und Aufriß
Aughöhe 6,70 m
Distanz 15,00 m
Vgl. S. 32, 44, 75, 90, 91, 100

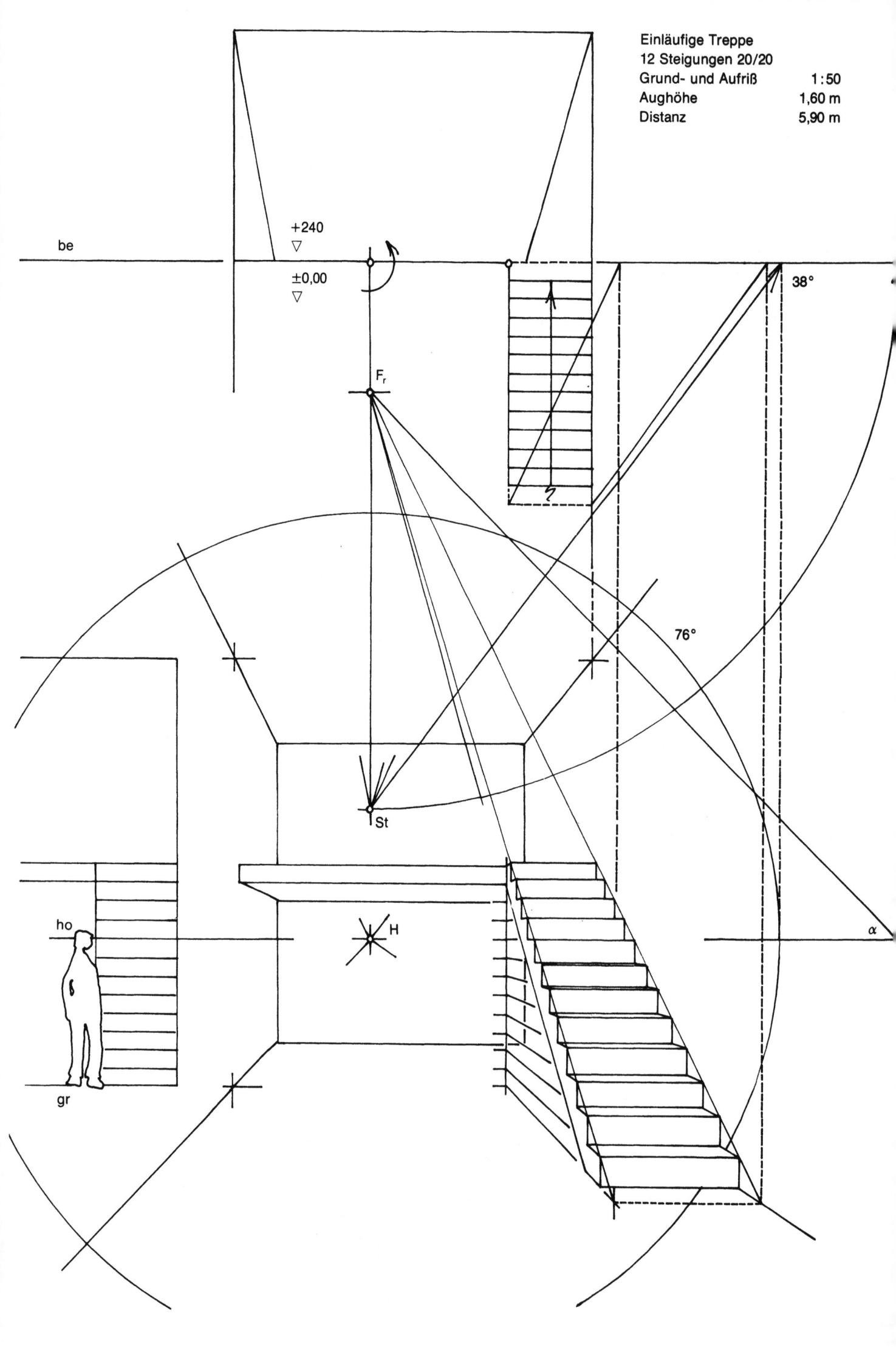

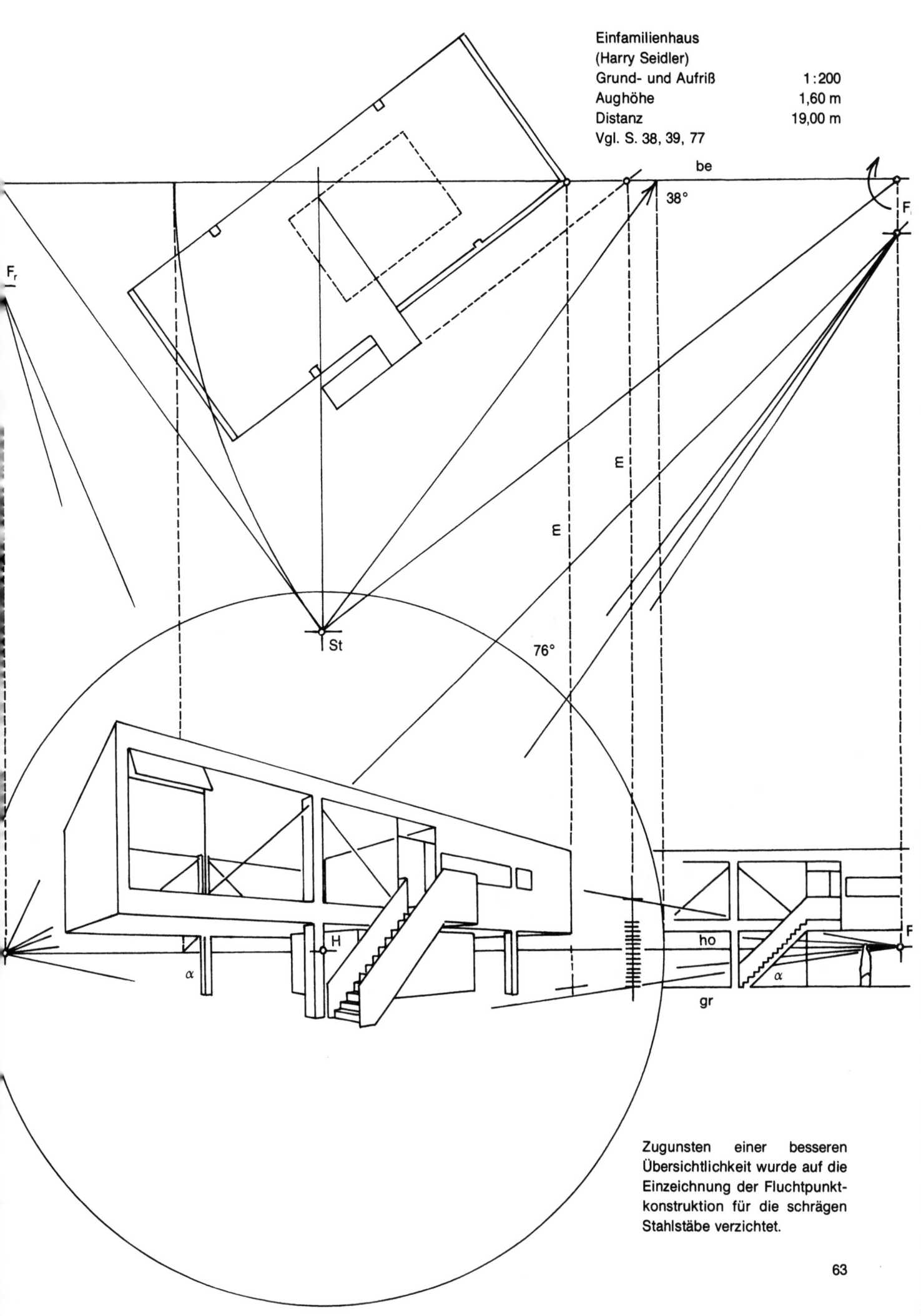

Einfamilienhaus
(Harry Seidler)
Grund- und Aufriß 1:200
Aughöhe 1,60 m
Distanz 19,00 m
Vgl. S. 38, 39, 77

Zugunsten einer besseren Übersichtlichkeit wurde auf die Einzeichnung der Fluchtpunktkonstruktion für die schrägen Stahlstäbe verzichtet.

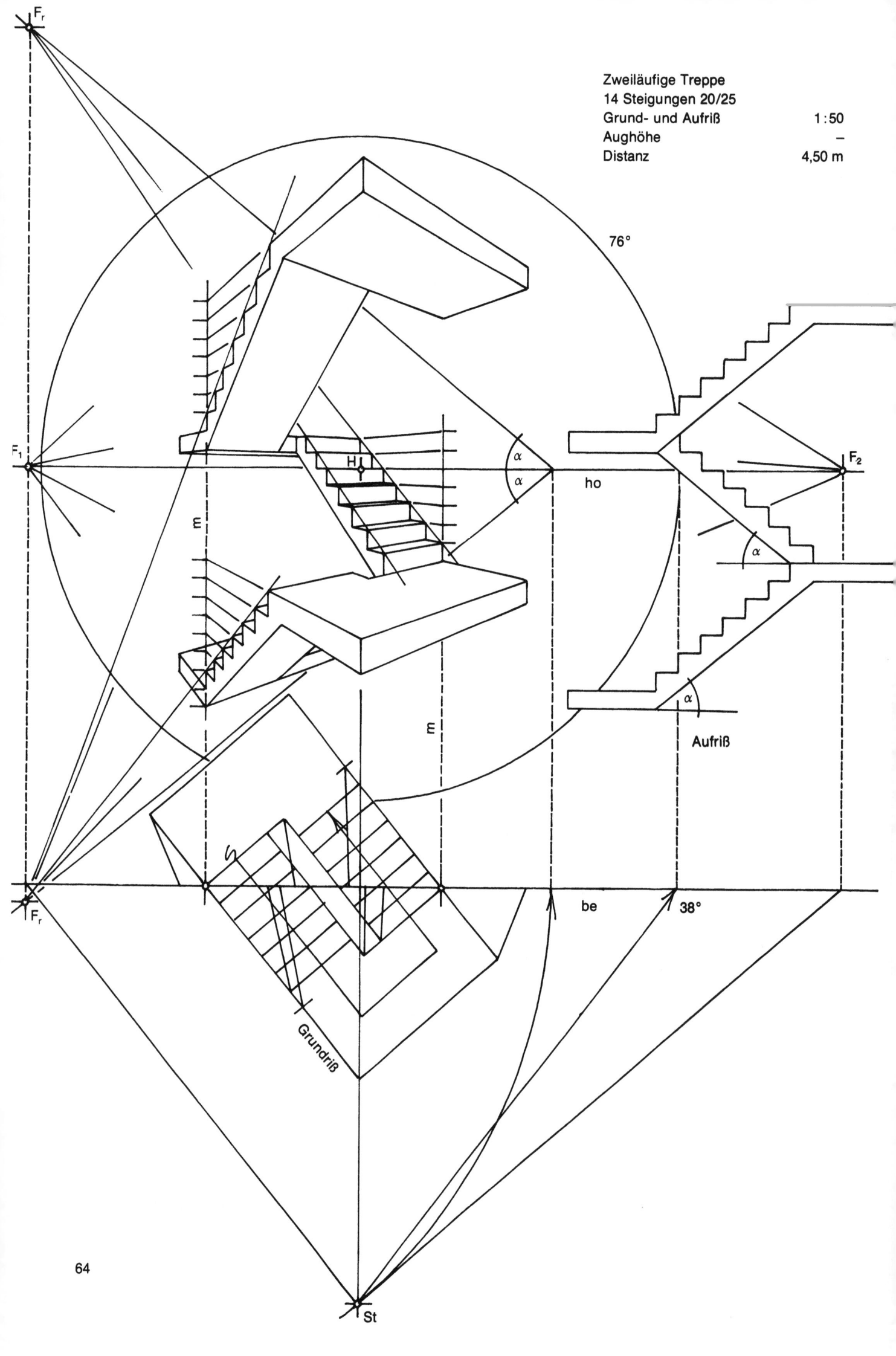

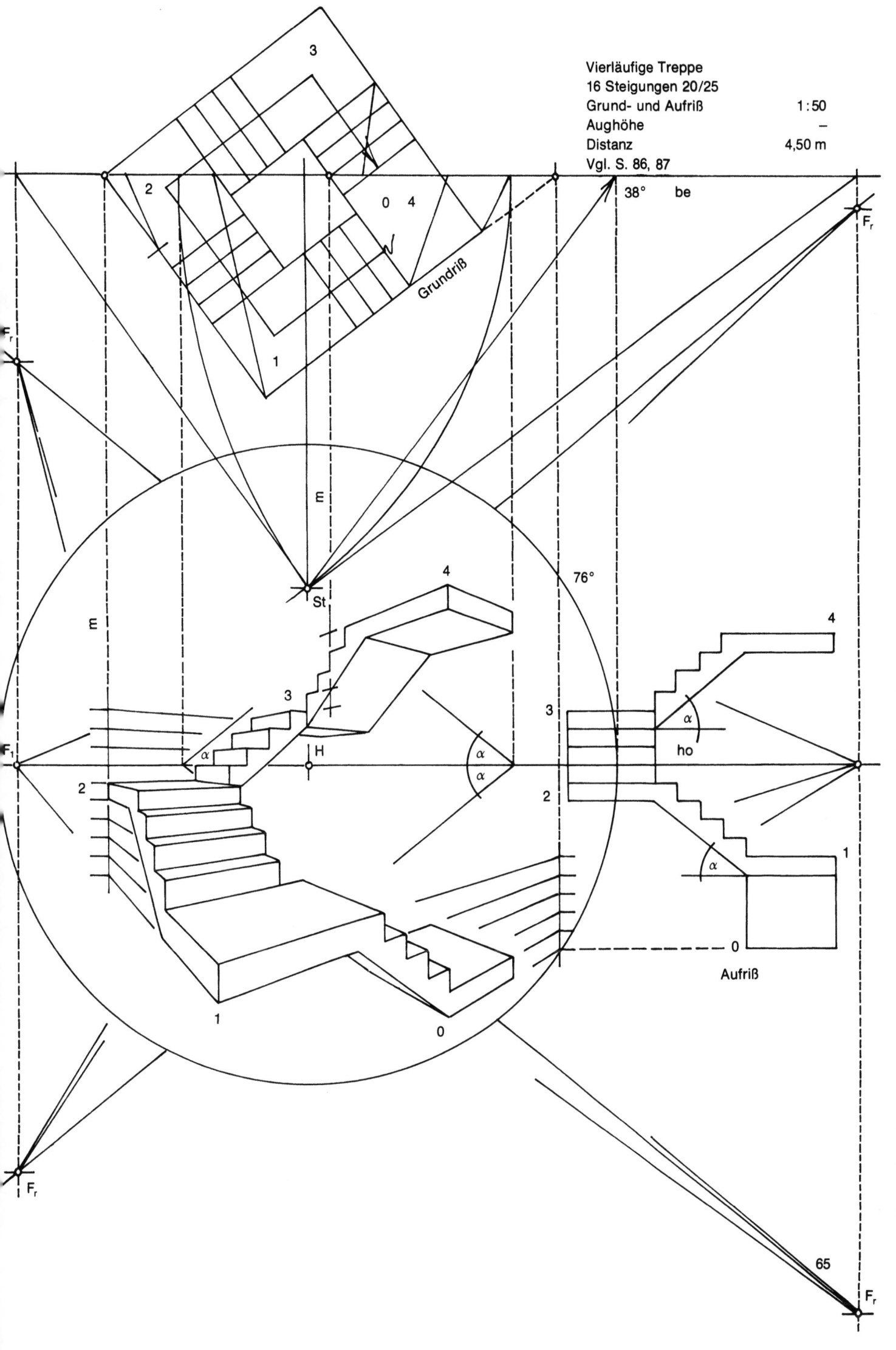

11. Geneigte Bildebene

Die Neigung der Bildebene erlaubt es in allen Höhenlagen, den Hauptsehstrahl mittig auf das abzubildende Objekt zu richten, d. h. das Objekt in das Zentrum des Blickkreises zu rücken.

Die Folgen sind eine kompliziertere Konstruktion und das Stürzen der senkrechten Objektkanten, welche nun nicht mehr parallel zur Bildebene sind. Sie fluchten nach F_v (Fluchtpunkt für Vertikale bei geneigter Bildebene).

F_v wird gefunden wie alle anderen Fluchtpunkte: er ist der Durchstoßpunkt einer Richtungsparallelen, ausgehend vom Hauptpunkt durch die Bildebene.

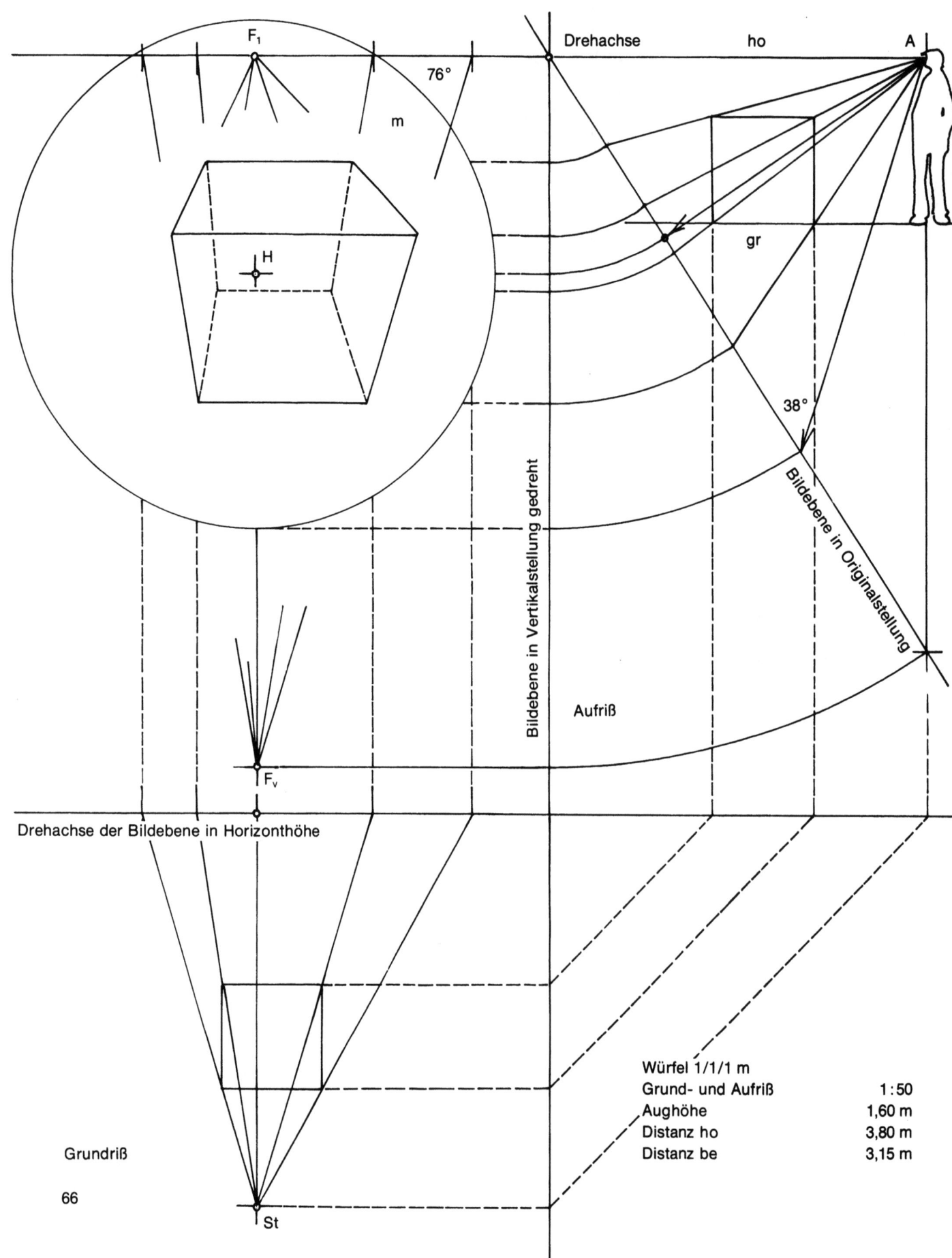

Würfel 1/1/1 m
Grund- und Aufriß 1:50
Aughöhe 1,60 m
Distanz ho 3,80 m
Distanz be 3,15 m

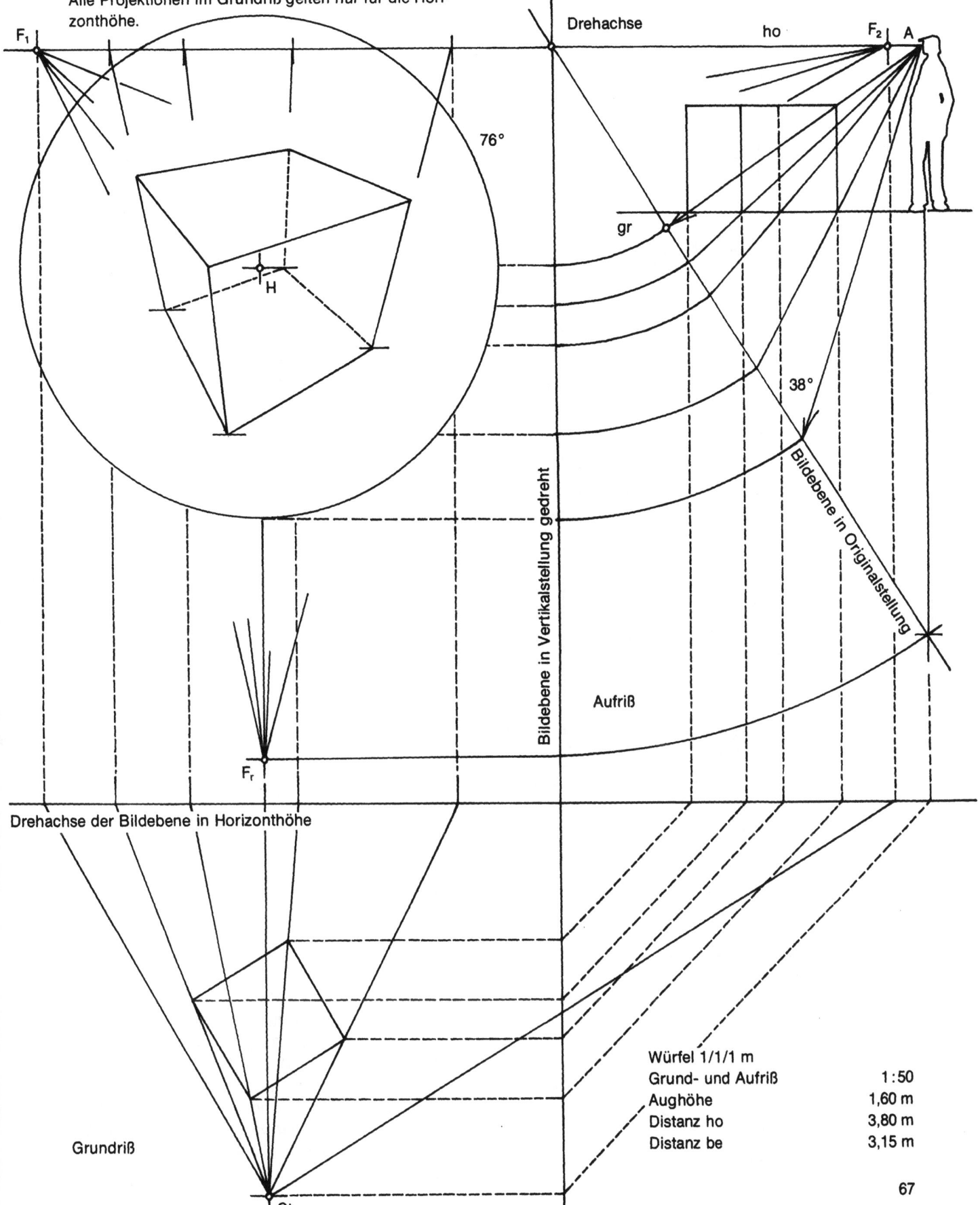

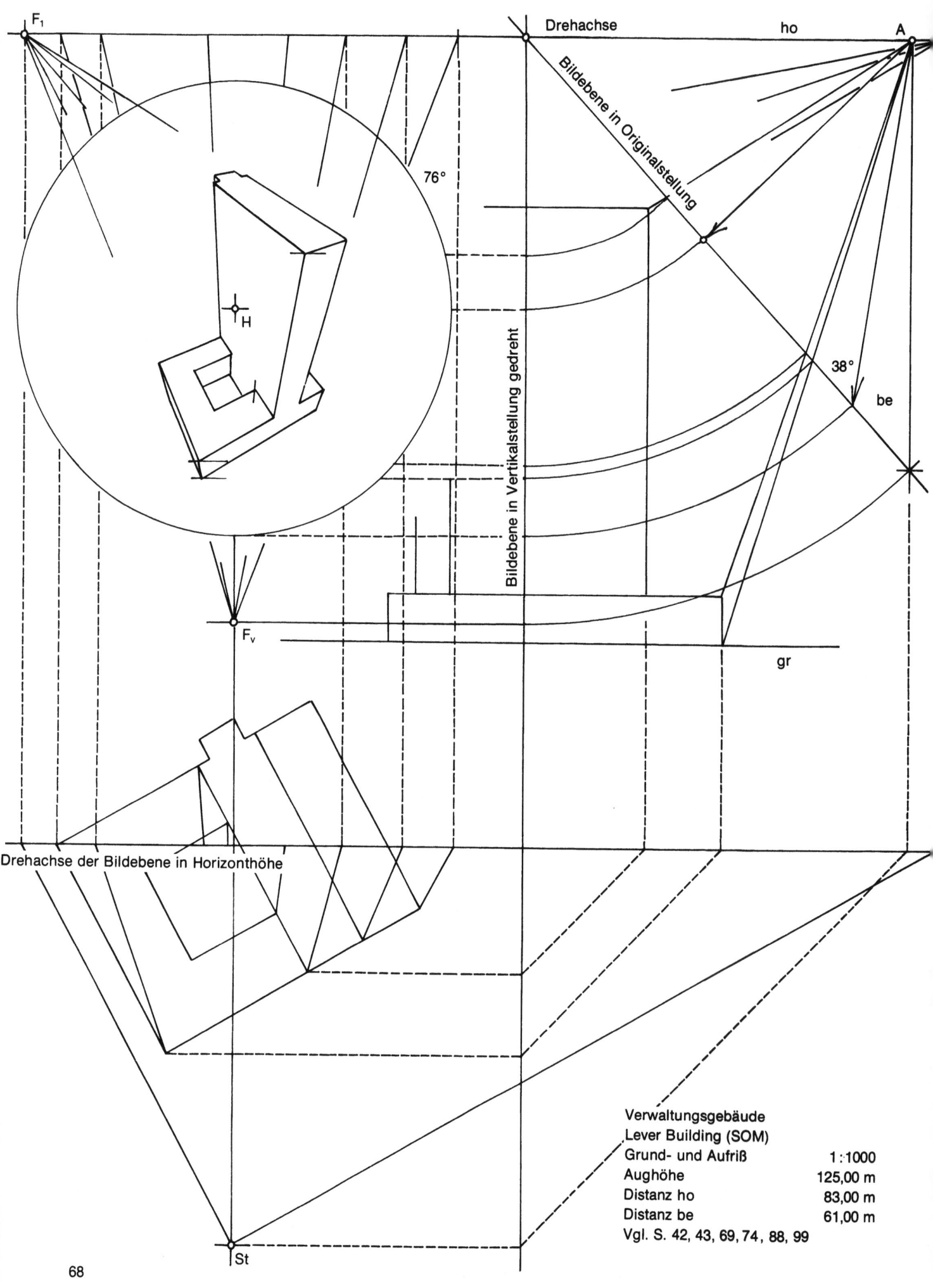

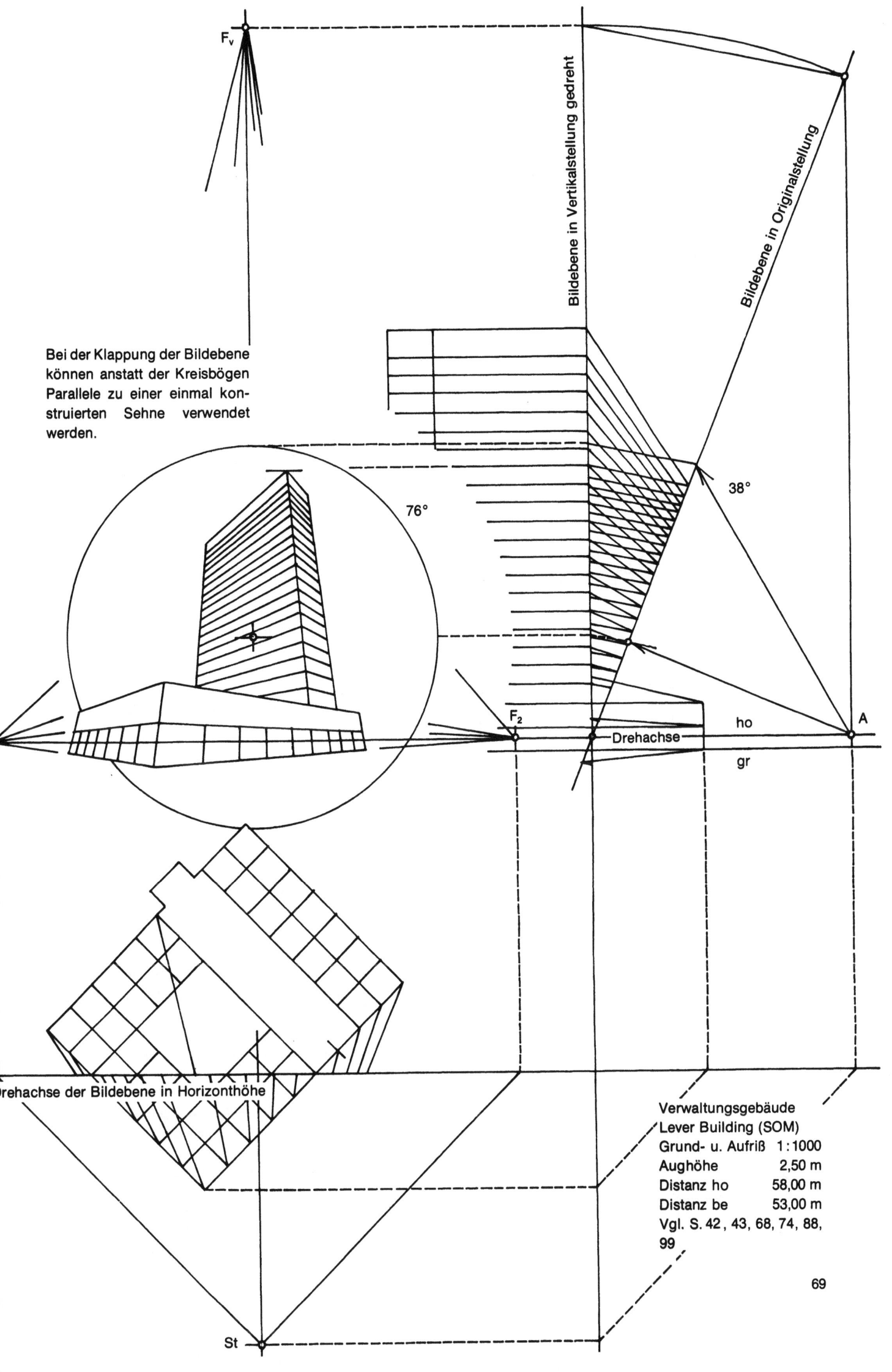

12. Schatten

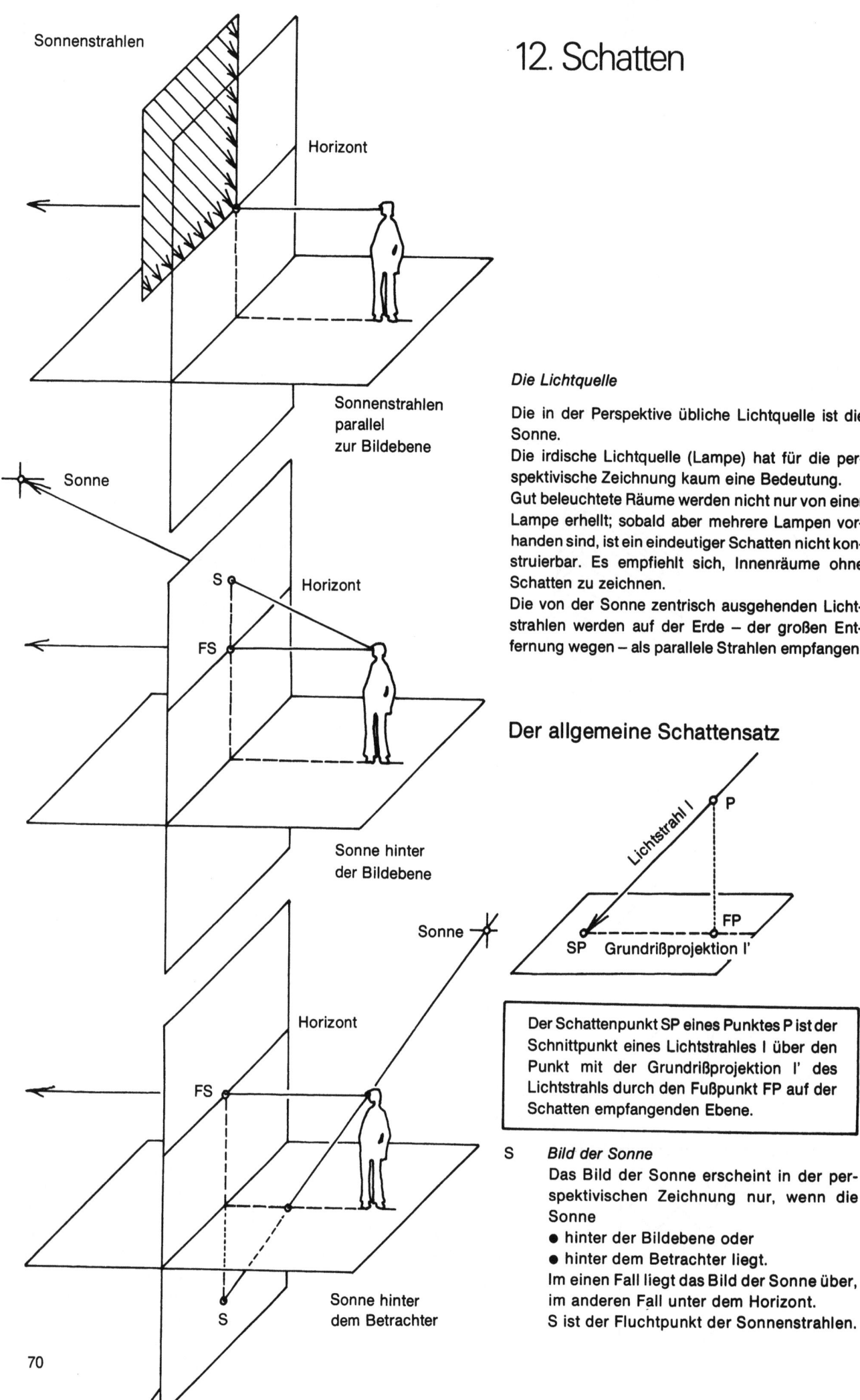

Die Lichtquelle

Die in der Perspektive übliche Lichtquelle ist die Sonne.
Die irdische Lichtquelle (Lampe) hat für die perspektivische Zeichnung kaum eine Bedeutung.
Gut beleuchtete Räume werden nicht nur von einer Lampe erhellt; sobald aber mehrere Lampen vorhanden sind, ist ein eindeutiger Schatten nicht konstruierbar. Es empfiehlt sich, Innenräume ohne Schatten zu zeichnen.
Die von der Sonne zentrisch ausgehenden Lichtstrahlen werden auf der Erde – der großen Entfernung wegen – als parallele Strahlen empfangen.

Der allgemeine Schattensatz

Der Schattenpunkt SP eines Punktes P ist der Schnittpunkt eines Lichtstrahles l über den Punkt mit der Grundrißprojektion l' des Lichtstrahls durch den Fußpunkt FP auf der Schatten empfangenden Ebene.

S *Bild der Sonne*
Das Bild der Sonne erscheint in der perspektivischen Zeichnung nur, wenn die Sonne
● hinter der Bildebene oder
● hinter dem Betrachter liegt.
Im einen Fall liegt das Bild der Sonne über, im anderen Fall unter dem Horizont.
S ist der Fluchtpunkt der Sonnenstrahlen.

FS *Fußpunkt der Sonne*
(für Schatten auf horizontalen Flächen)

Sonnenfußpunkte treten nur auf, wenn auch das Bild der Sonne S sichtbar ist, d. h. wenn die Sonne nicht in der Bildebene liegt.

FS liegt senkrecht über oder unter der Sonne auf dem Horizont.
FS ist der Fluchtpunkt der zu den Sonnenstrahlen gehörigen Grundprojektion.
Bei einer – hier nicht beschriebenen – irdischen Lichtquelle (Lampe) liegt SF senkrecht unter der Lichtquelle auf dem Boden.

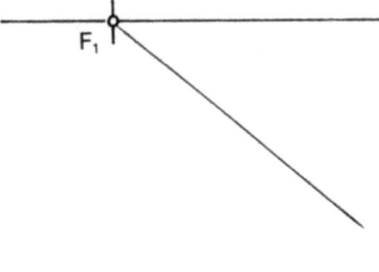

Sonnenstrahlen parallel zur Bildebene
Die einfachsten Konstruktionsbedingungen ergeben sich bei der Annahme von Sonnenstrahlen, welche zur Bildebene parallel sind. Wie alle Parallelen zur Bildebene behalten sie ihre Richtung bei – sie fluchten nicht. Die Grundrißprojektion der Lichtstrahlen sind Horizontale.
Dem Vorteil der einfachen Konstruktion steht der Nachteil der etwas steifen Wirkung gegenüber.

Sonne hinter der Bildebene
Das Bild der Sonne liegt über dem Horizont. Wie in der Fotografie wird auch in der Perspektive das Gegenlicht vermieden, da hierbei der abzubildende Körper mit Ausnahme der Dachfläche im Schatten liegt. Auf Beispiele zu diesem ungünstigen Sonnenstand wird im folgenden verzichtet.

Sonne hinter dem Betrachter
Die Annahme der Sonne im Rücken des Betrachters ergibt die besten Schattenbilder.
Das Bild der Sonne befindet sich unter dem Horizont. Liegt das Bild der Sonne rechts vom Hauptpunkt, so steht die Sonne links hinter dem Betrachter.

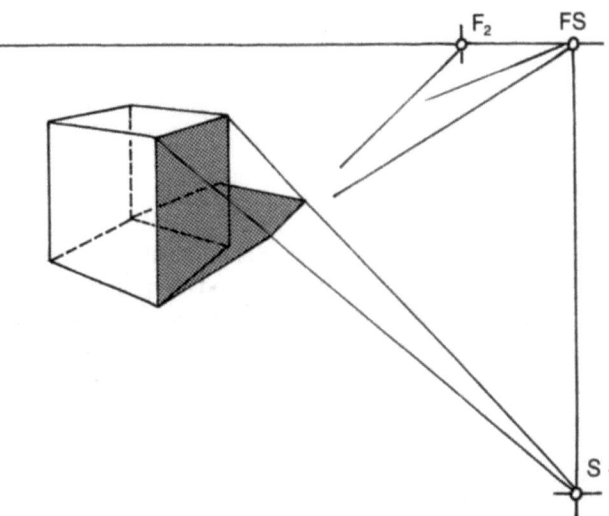

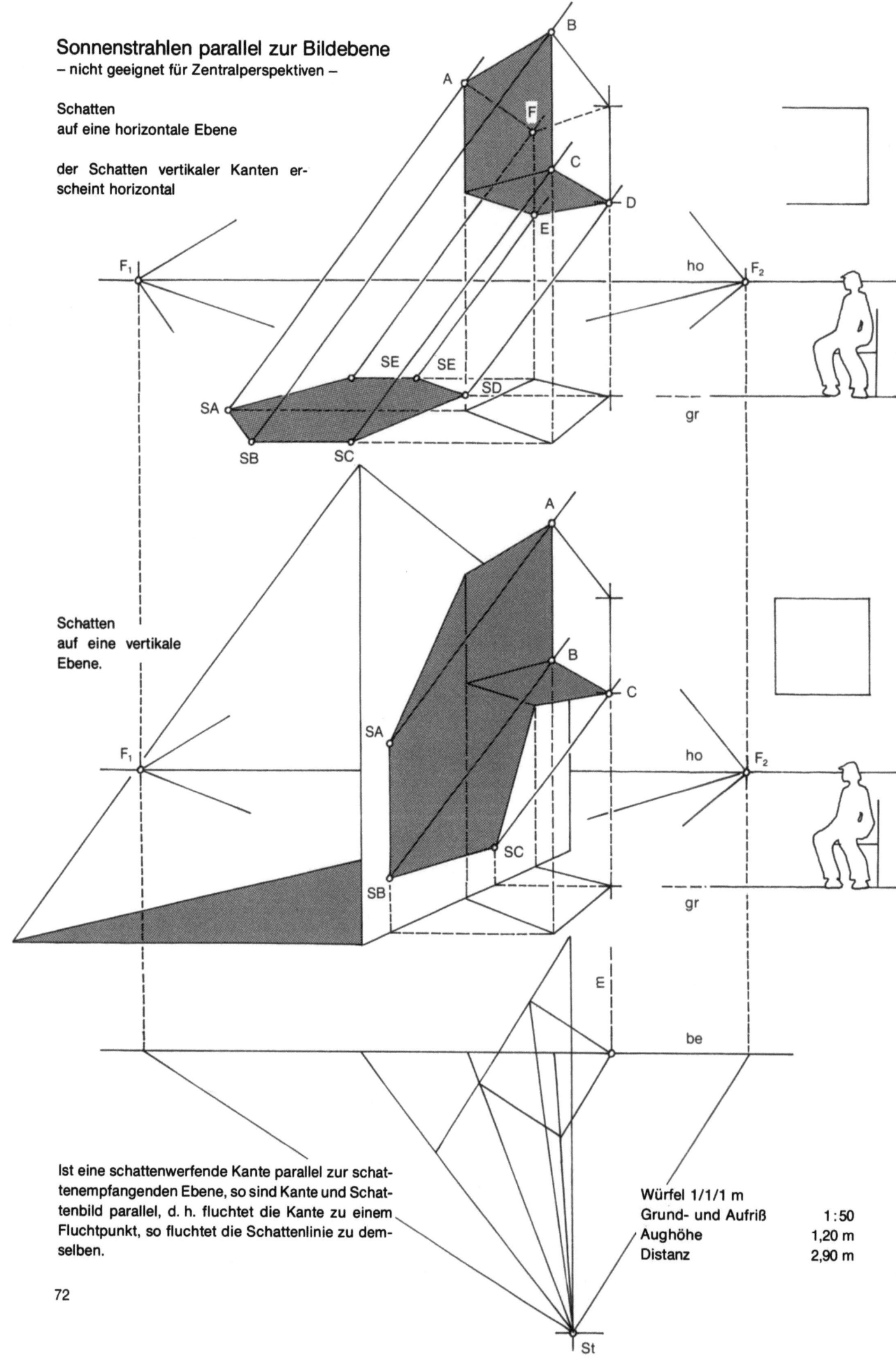

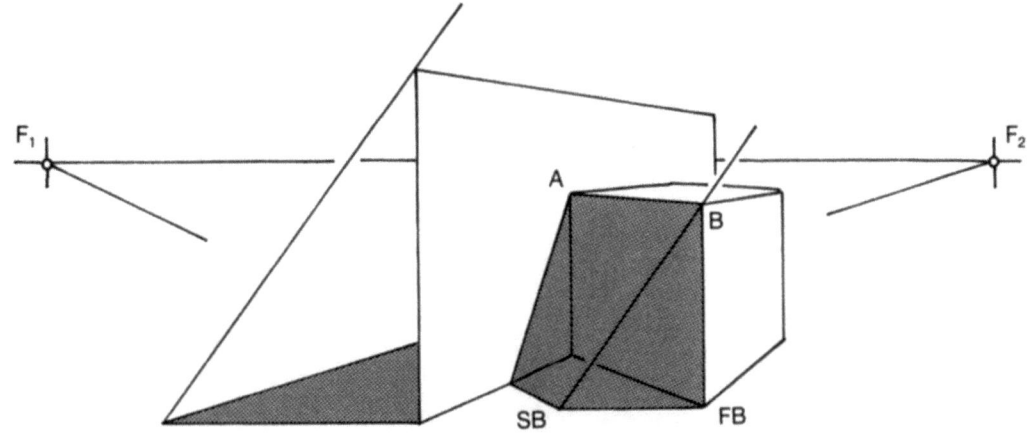

Das Licht fällt steil ein, SP liegt auf dem Boden.

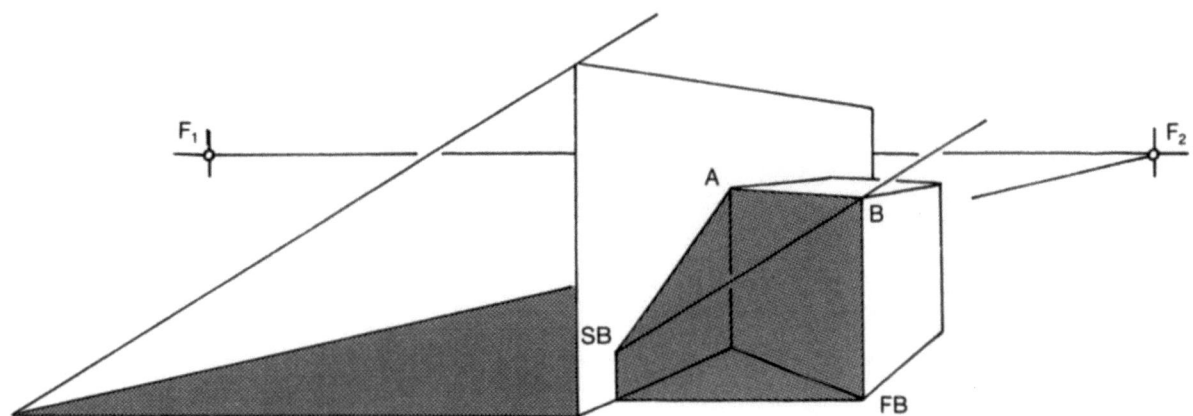

Das Licht fällt flach ein, SP liegt auf der Wand.

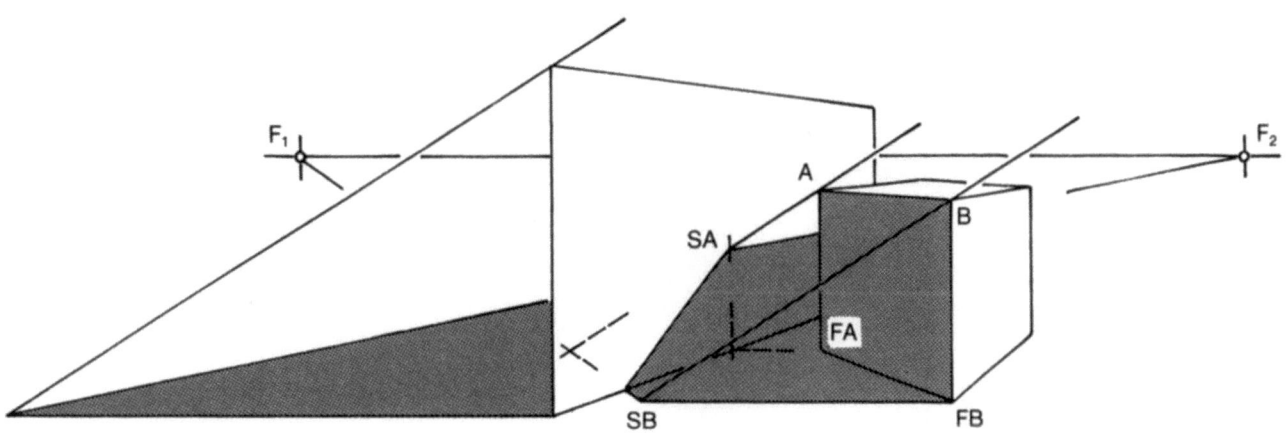

Die Wand rückt von dem Würfel ab.

Würfel vor einer Wand. Schattenwurf gleichzeitig auf horizontale und vertikale Flächen.

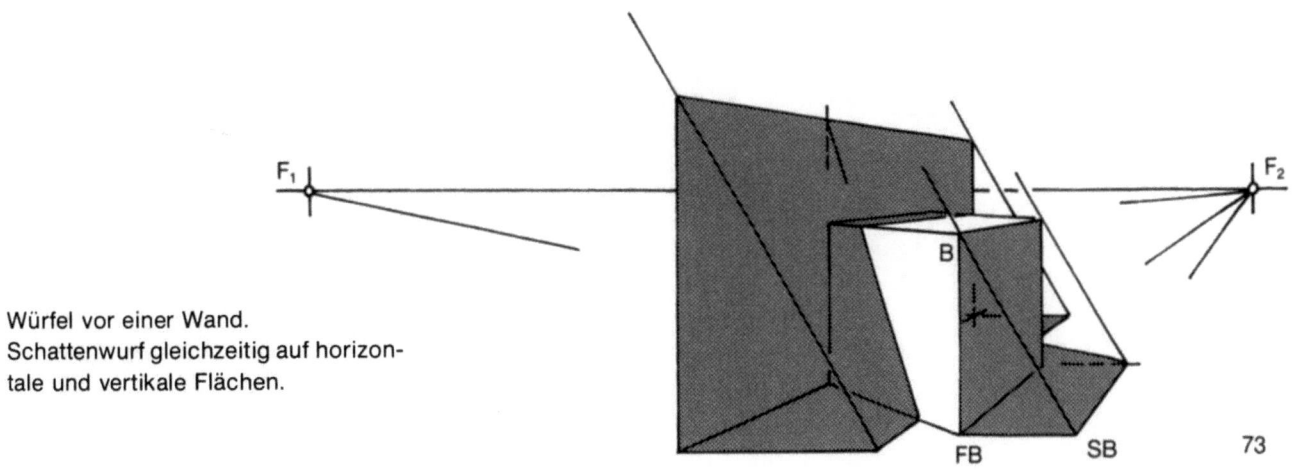

Das Licht kommt von der anderen Seite.

Sonnenstrahlen parallel zur Bildebene
Beispiele

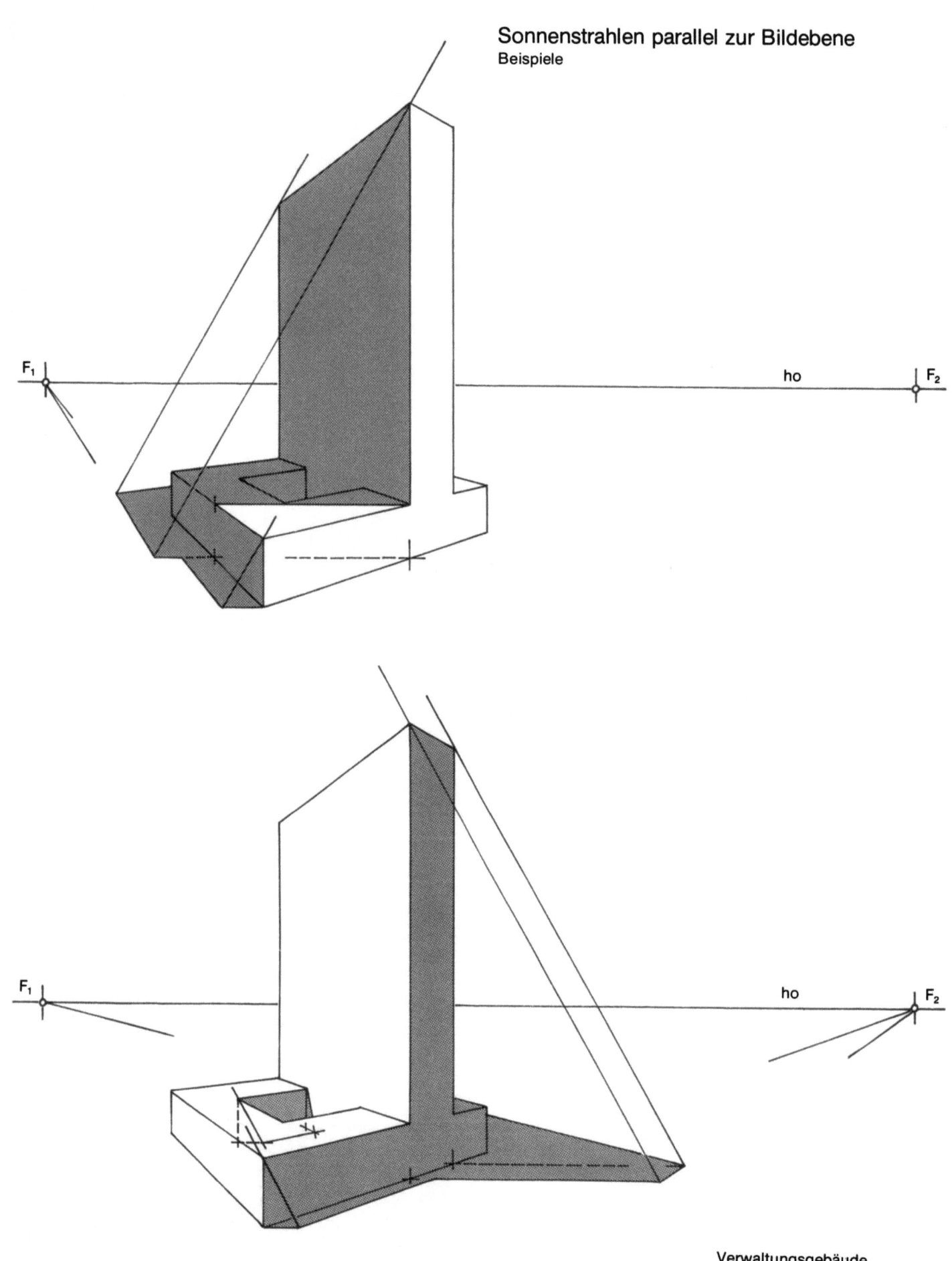

Verwaltungsgebäude
Lever Building (SOM)
Vgl. S. 42, 43, 68, 69, 88, 99

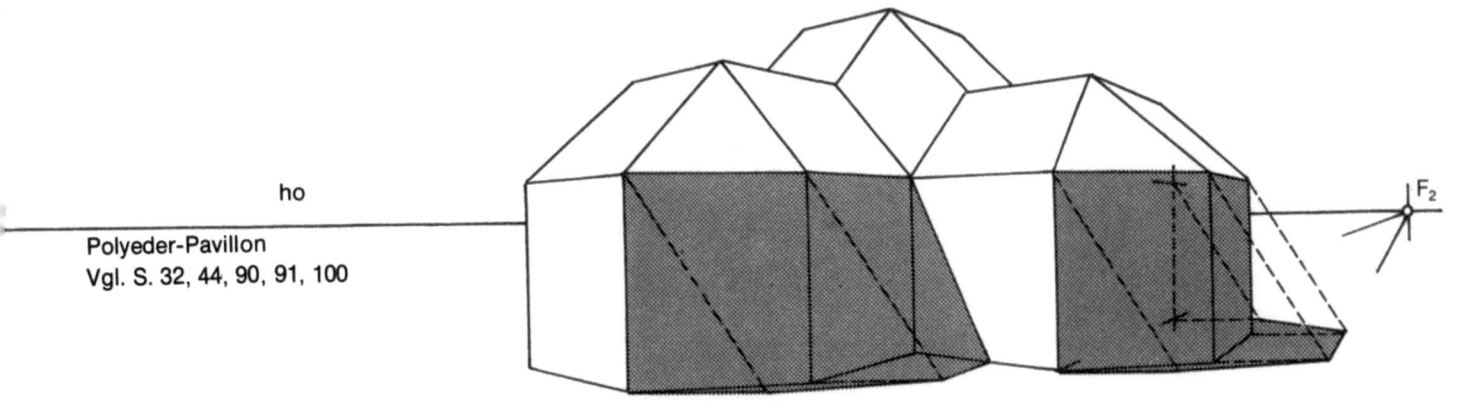

Polyeder-Pavillon
Vgl. S. 32, 44, 90, 91, 100

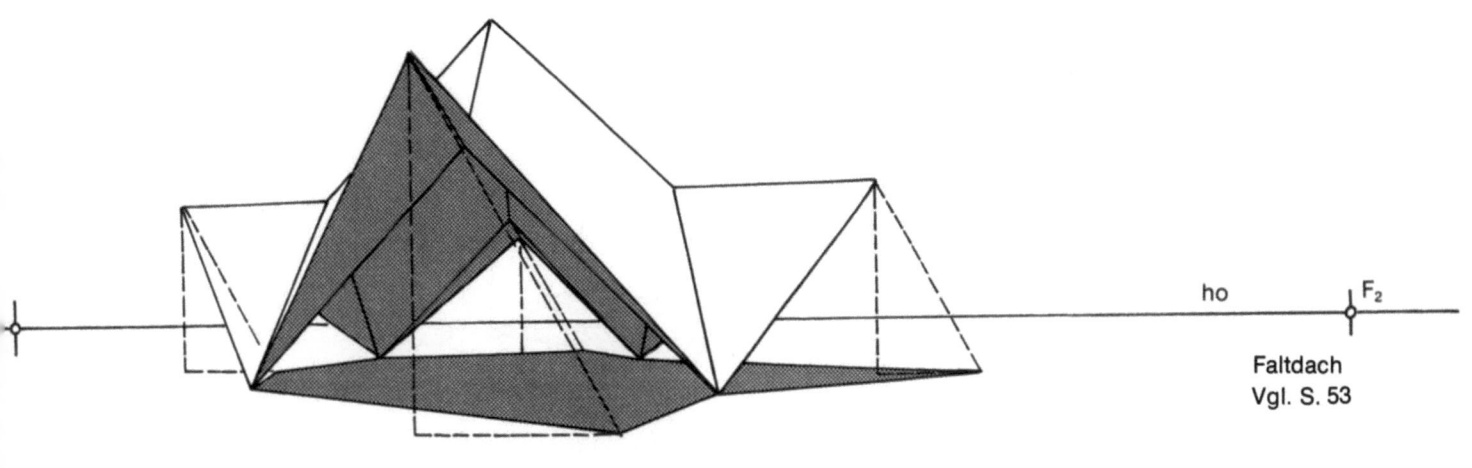

Faltdach
Vgl. S. 53

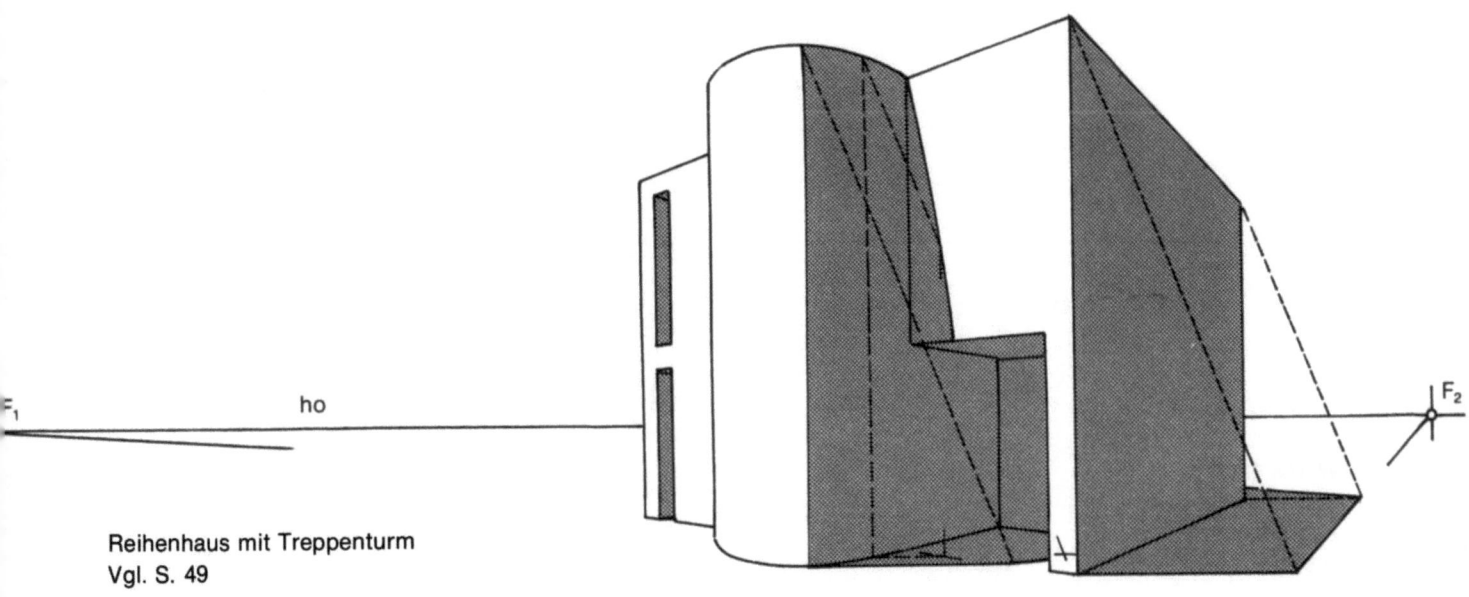

Reihenhaus mit Treppenturm
Vgl. S. 49

Sonne hinter dem Betrachter
in der Übereckperspektive

Schatten
auf eine horizontale Ebene.
Der Schatten vertikaler Kanten fluchtet nach FS.

Schatten
auf eine vertikale Ebene.
Der Schatten von Kanten, welche senkrecht auf einer nach $F_{1,2}$ fluchtenden Ebene stehen, fluchtet nach $FS_{1,2}$

Würfel 1/1/1 m
Grund- und Aufriß   1:50
Aughöhe   1,20 m
Distanz   2,90 m

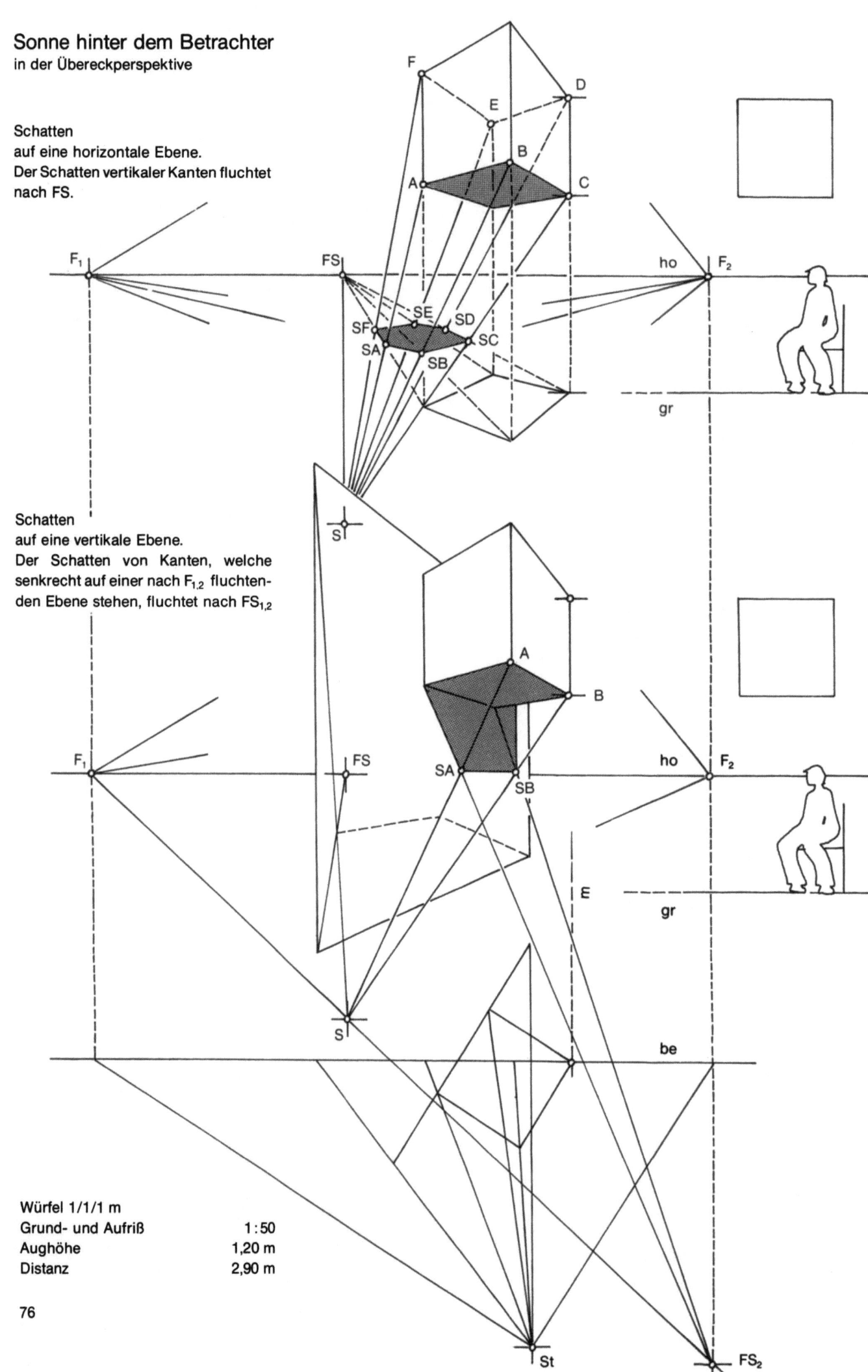

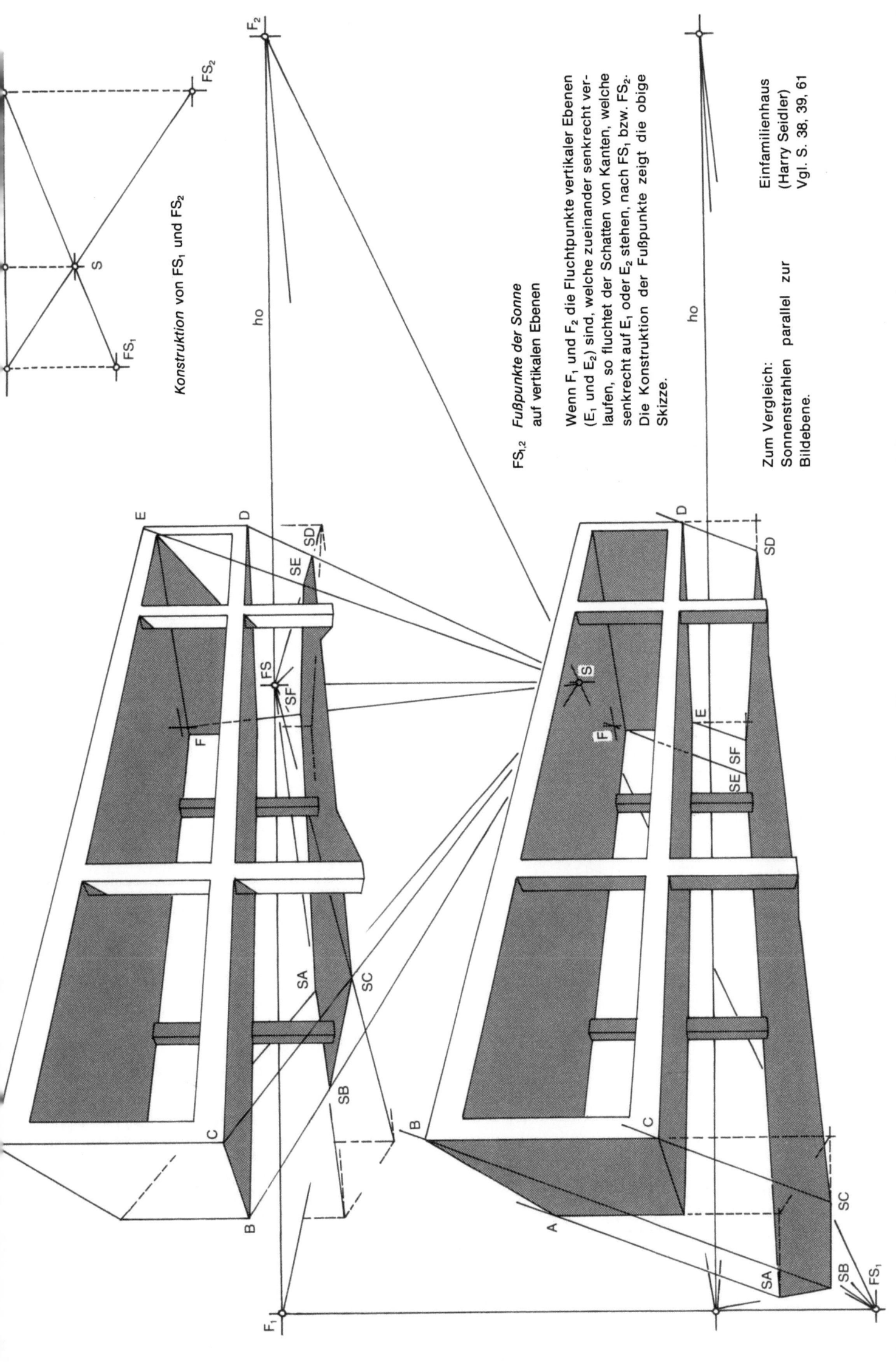

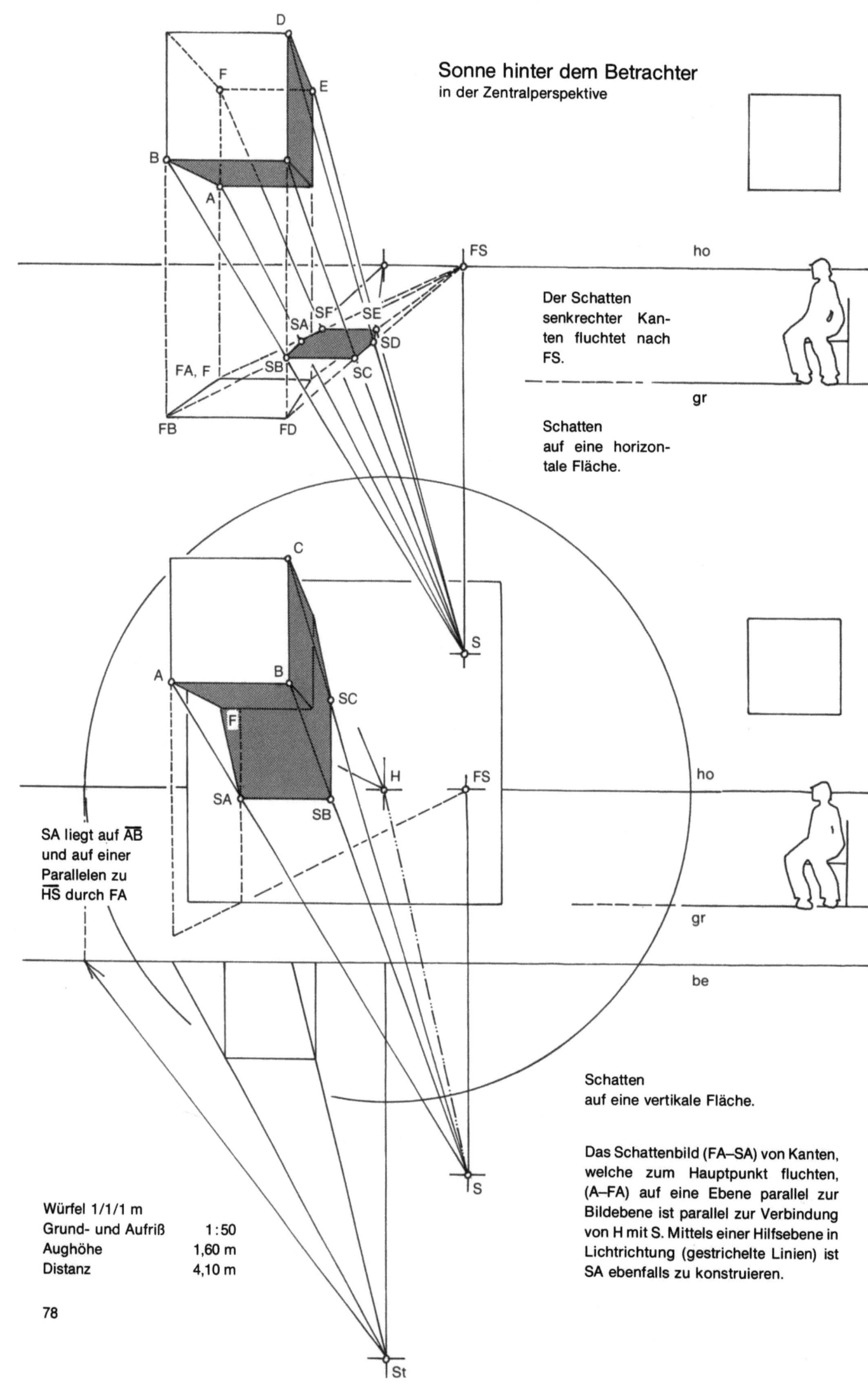

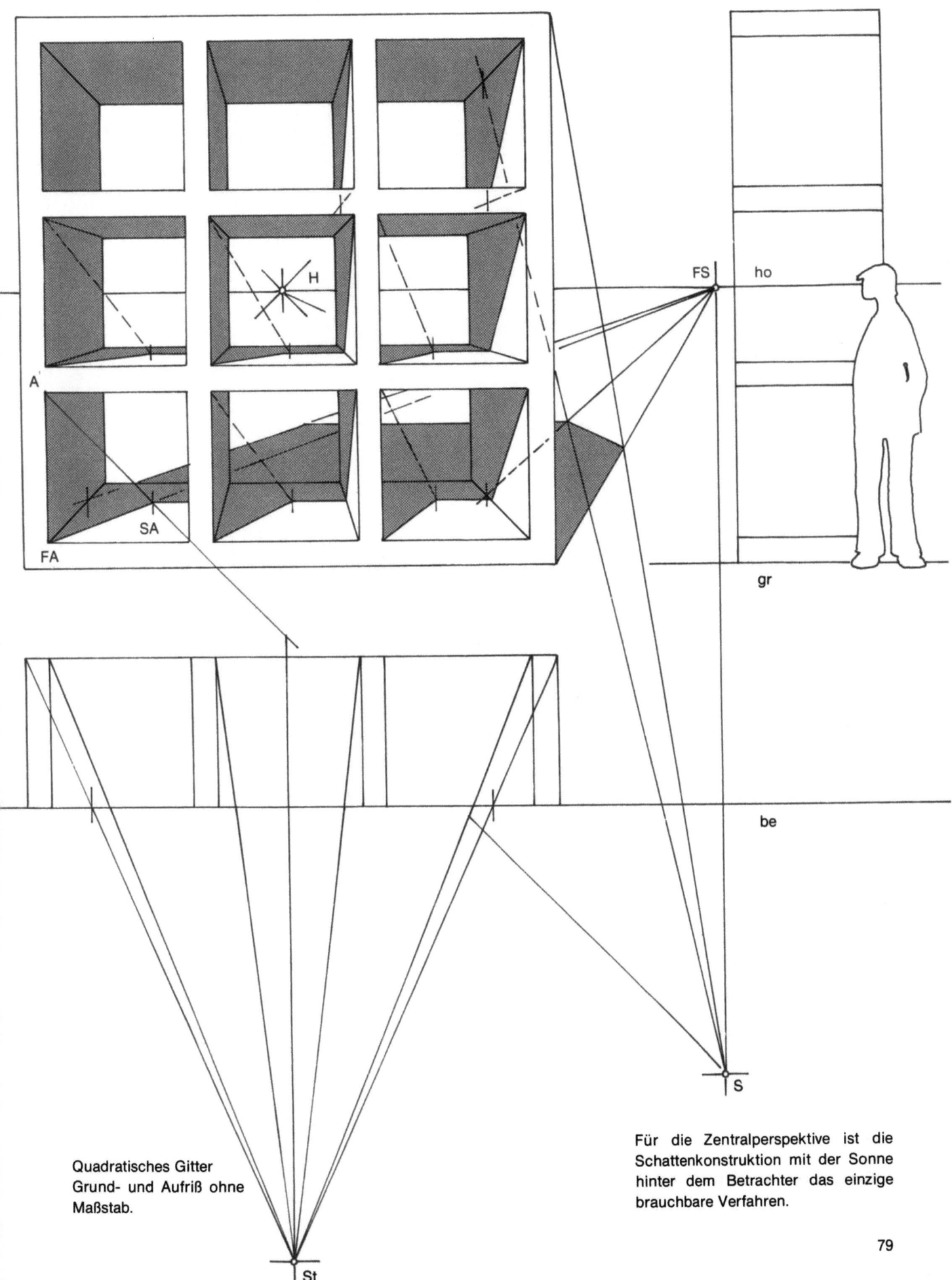

Quadratisches Gitter Grund- und Aufriß ohne Maßstab.

Für die Zentralperspektive ist die Schattenkonstruktion mit der Sonne hinter dem Betrachter das einzige brauchbare Verfahren.

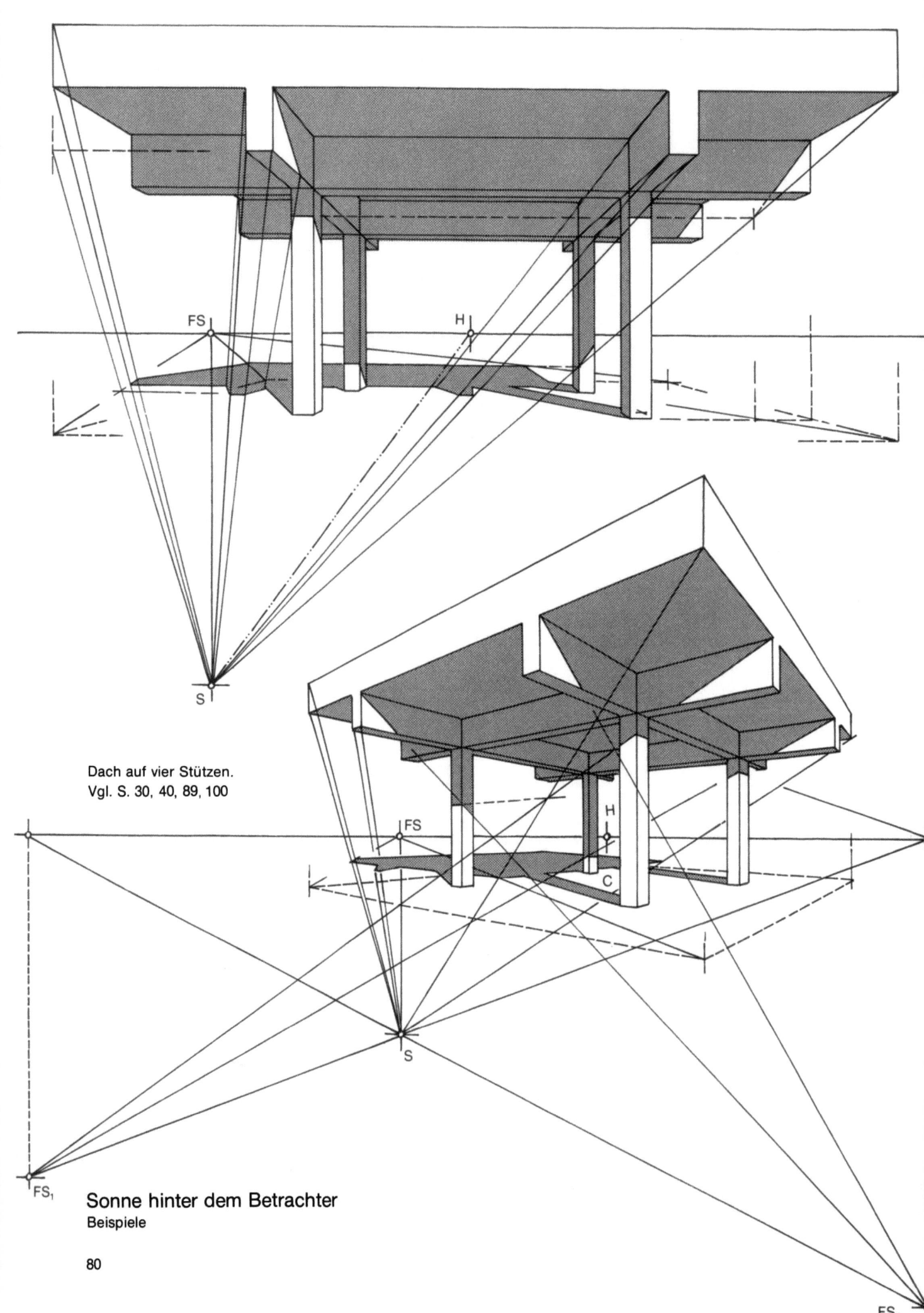

Dach auf vier Stützen.
Vgl. S. 30, 40, 89, 100

Sonne hinter dem Betrachter
Beispiele

Brücke
Vgl. S. 45, 47, 48, 95, 101

Der Kreisbogen wirft seinen Schatten nur auf die Grundebene.

Der Kreisbogen wirft seinen Schatten in den Hohlzylinder.

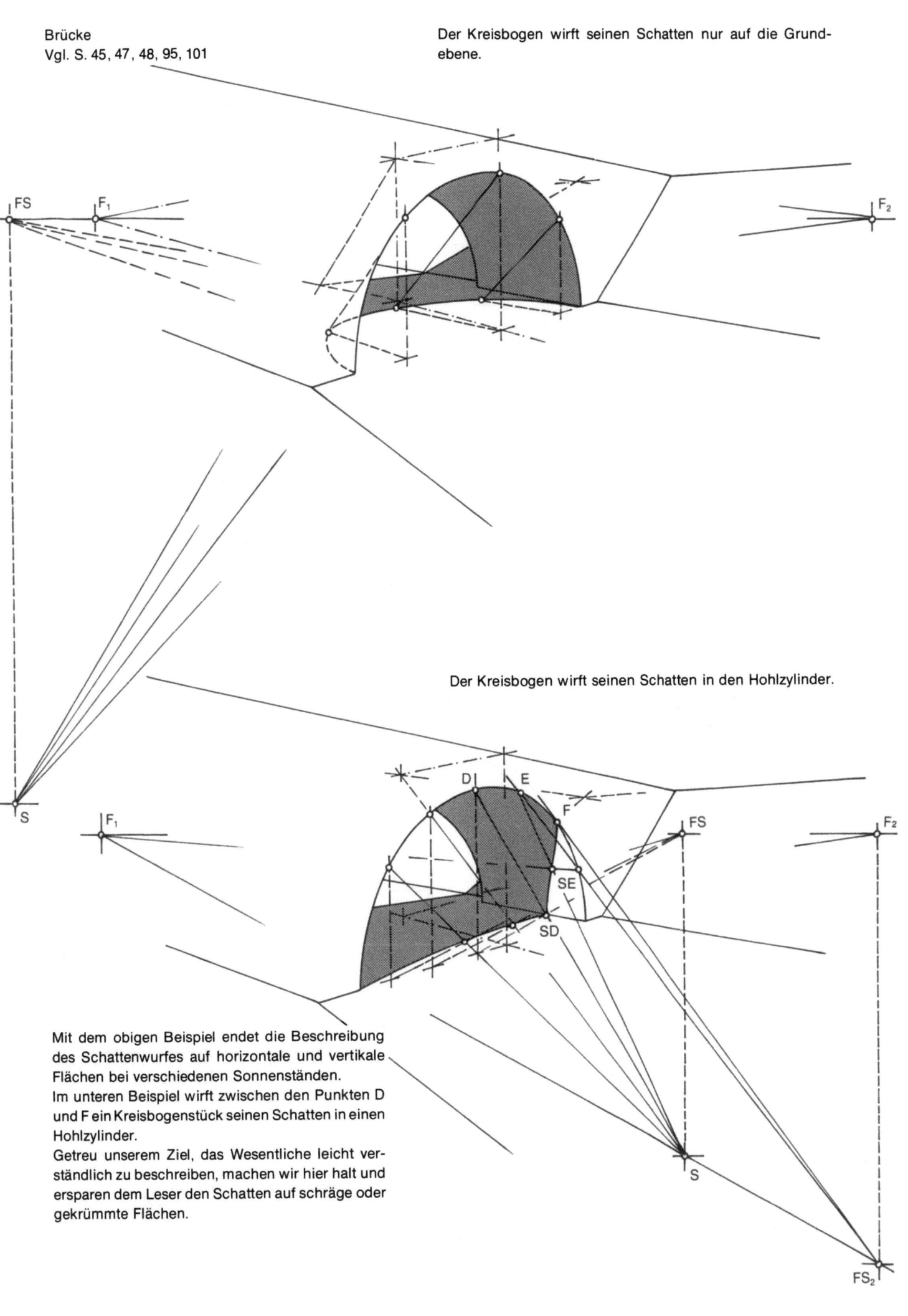

Mit dem obigen Beispiel endet die Beschreibung des Schattenwurfes auf horizontale und vertikale Flächen bei verschiedenen Sonnenständen.
Im unteren Beispiel wirft zwischen den Punkten D und F ein Kreisbogenstück seinen Schatten in einen Hohlzylinder.
Getreu unserem Ziel, das Wesentliche leicht verständlich zu beschreiben, machen wir hier halt und ersparen dem Leser den Schatten auf schräge oder gekrümmte Flächen.

Axonometrie
Schräge Parallelprojektion

Axonometrien sind Ersatzverfahren für die exakte Perspektive. Der Vorteil ist die weitaus einfachere Konstruktion. Die Projektionsstrahlen sind nicht zentrisch wie bei der Perspektive, sondern parallel, was einer Perspektive aus sehr großer Entfernung entspricht. Aus der großen Anzahl axonometrischer Verfahren werden im folgenden die vier wichtigsten behandelt. Sie sind zweimal in zwei Gruppen zu unterteilen:

1.
   1. Projektion auf die Grundrißebene:
      Militärperspektive und Isometrie
   2. Projektion auf die Aufrißebene:
      Kavalierperspektive und Dimetrie
2.
   1. Körper parallel zur Bildebene,
      d. h. ein Teil der Flächen unverzerrt:
      Militär- und Kavalierperspektive
   2. Körper schräg zur Bildebene,
      d. h. alle Flächen verzerrt:
      Isometrie und Dimetrie

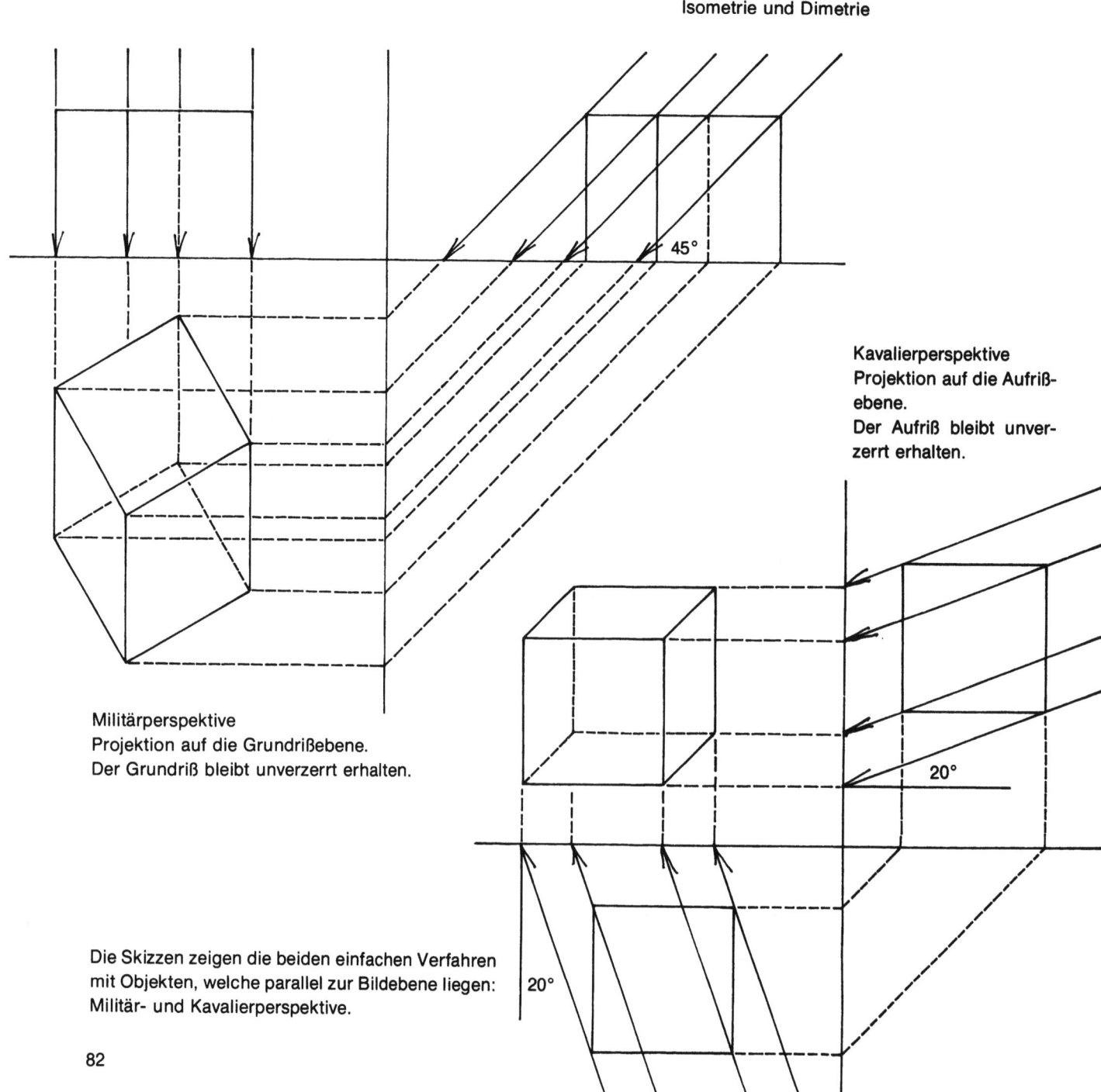

Militärperspektive
Projektion auf die Grundrißebene.
Der Grundriß bleibt unverzerrt erhalten.

Kavalierperspektive
Projektion auf die Aufrißebene.
Der Aufriß bleibt unverzerrt erhalten.

Die Skizzen zeigen die beiden einfachen Verfahren mit Objekten, welche parallel zur Bildebene liegen: Militär- und Kavalierperspektive.

1. Die vier wichtigsten axonometrischen Verfahren

Axonometrien sind von schräg oben gesehene Bilder; die Aufsicht ist bei Militärperspektive (45°) und Isometrie stärker, bei Kavalierperspektive (20°) und Dimetrie geringer. Objekte mit großer horizontaler Flächenausdehnung (Gebäudegruppen – städtebauliche Situationen) sollten auf die Grundrißebene projiziert werden (Militärperspektive oder Isometrie). Kavalierperspektive und Dimetrie erlauben nur eine geringe Tiefenentwicklung.

	einfachere Verfahren Objekt parallel zur Bildebene Flächen teilweise nicht verzerrt	bessere Verfahren Objekt nicht parallel zur Bildebene alle Flächen verzerrt
Projektion auf die Grundrißebene alle Kanten in wahrer Größe	*Militärperspektive* Beispiele auf Seite: 84, 85, 87, 88, 89, 90, 94, 96, 98, 100 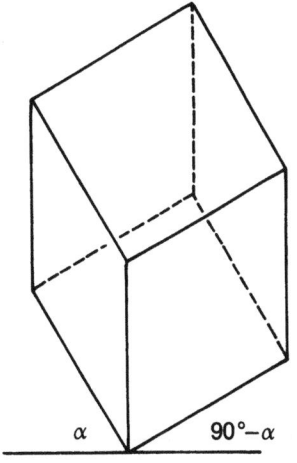 α $90°-\alpha$ • Grundriß unverzerrt • Übereckslage beliebig • geeignet auch für Objekte mit nicht rechtwinkligem Grundriß • Verbesserung: Höhe auf ⅔ reduziert	*Isometrie* Beispiele auf Seite: 14, 84, 85, 87, 89, 92, 93, 94, 97, 99, 101 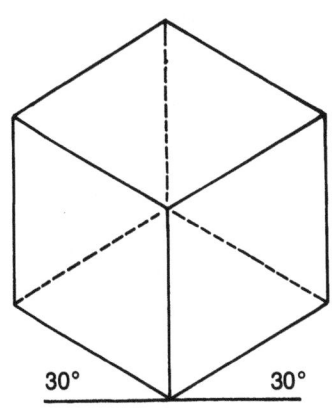 30° 30° • nicht geeignet für zentralsymmetrische Grundrisse (z.B. Würfel)
Projektion auf die Aufrißebene Tiefenkanten (unter 45° bzw. 42°) halbiert	*Kavalierperspektive* Beispiele auf Seite: 9, 13, 23, 84, 85, 86, 89, 91, 95, 101 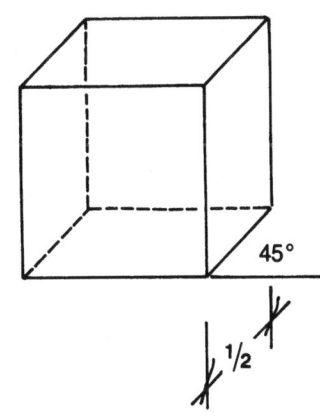 45° ½ • Aufriß unverzerrt • der Winkel für die Tiefenkanten kann verändert werden (z.B. 60°)	*Dimetrie* Beispiele auf Seite: 84, 85, 86, 89, 91, 100 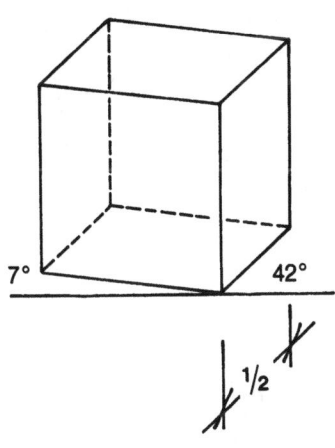 7° 42° ½ • Konstruktion nicht durch Anlegen der üblichen Zeichenwinkel

2. Allgemeine Objekte

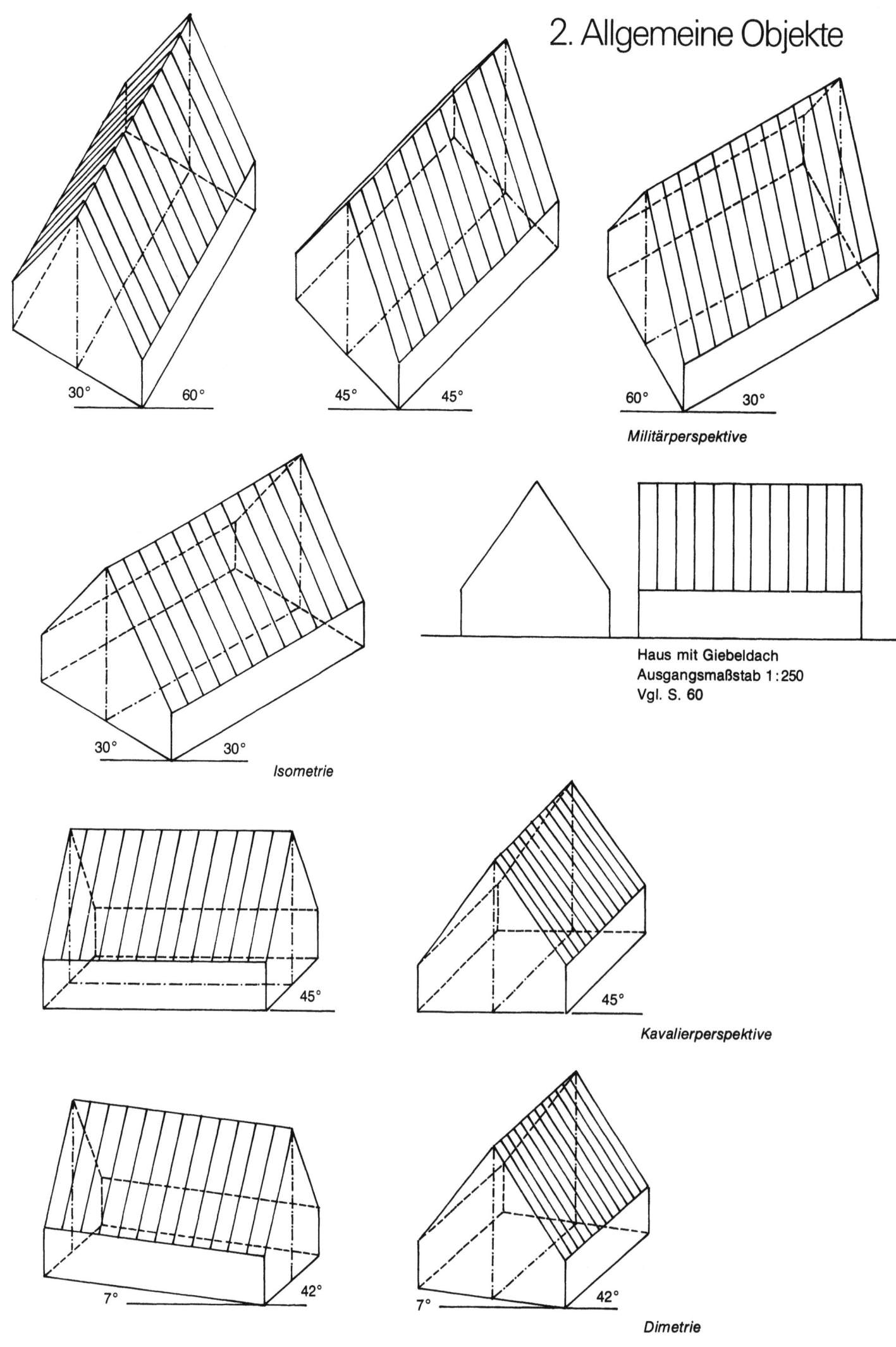

Militärperspektive

Isometrie

Haus mit Giebeldach
Ausgangsmaßstab 1:250
Vgl. S. 60

Kavalierperspektive

Dimetrie

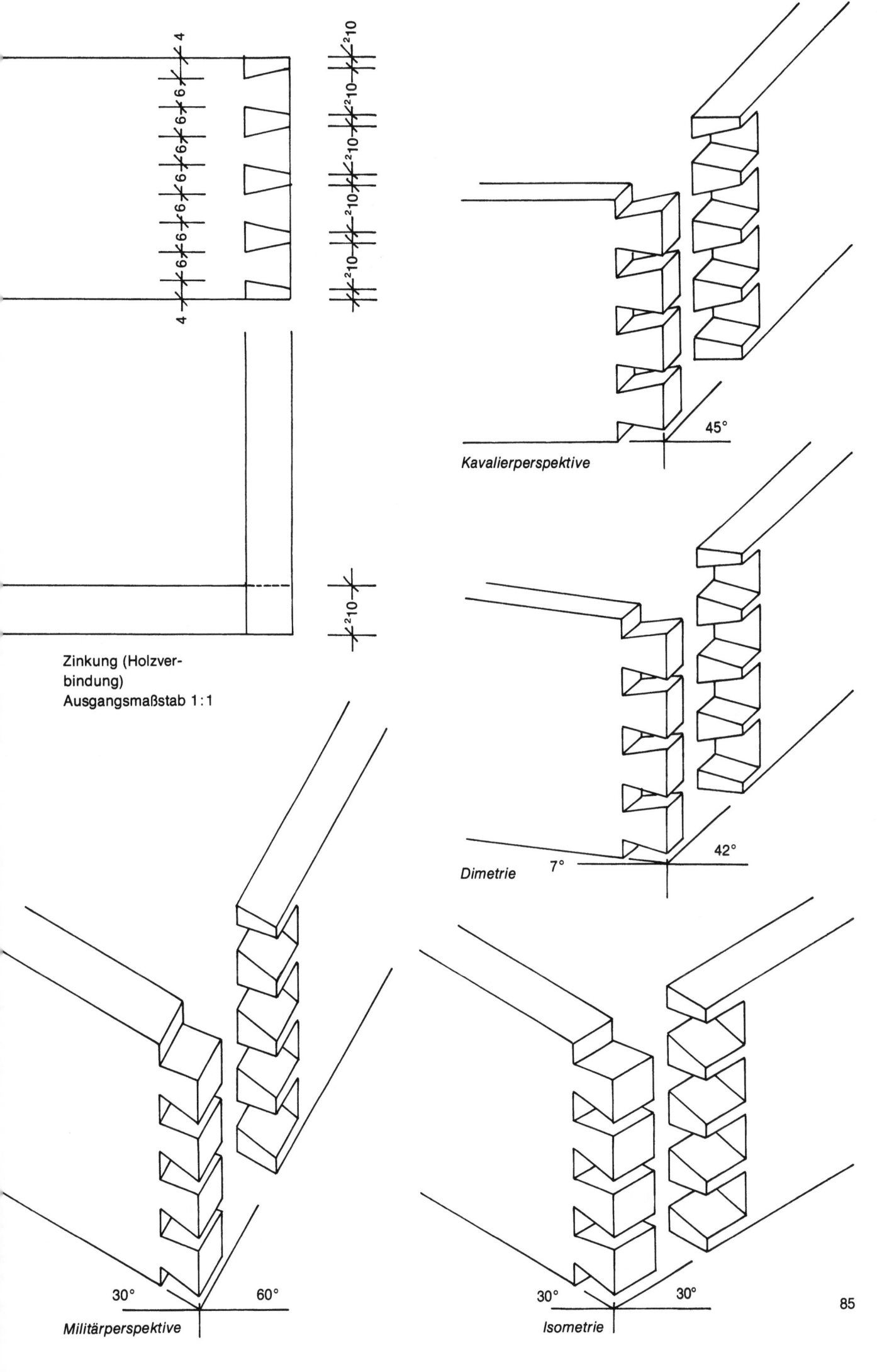

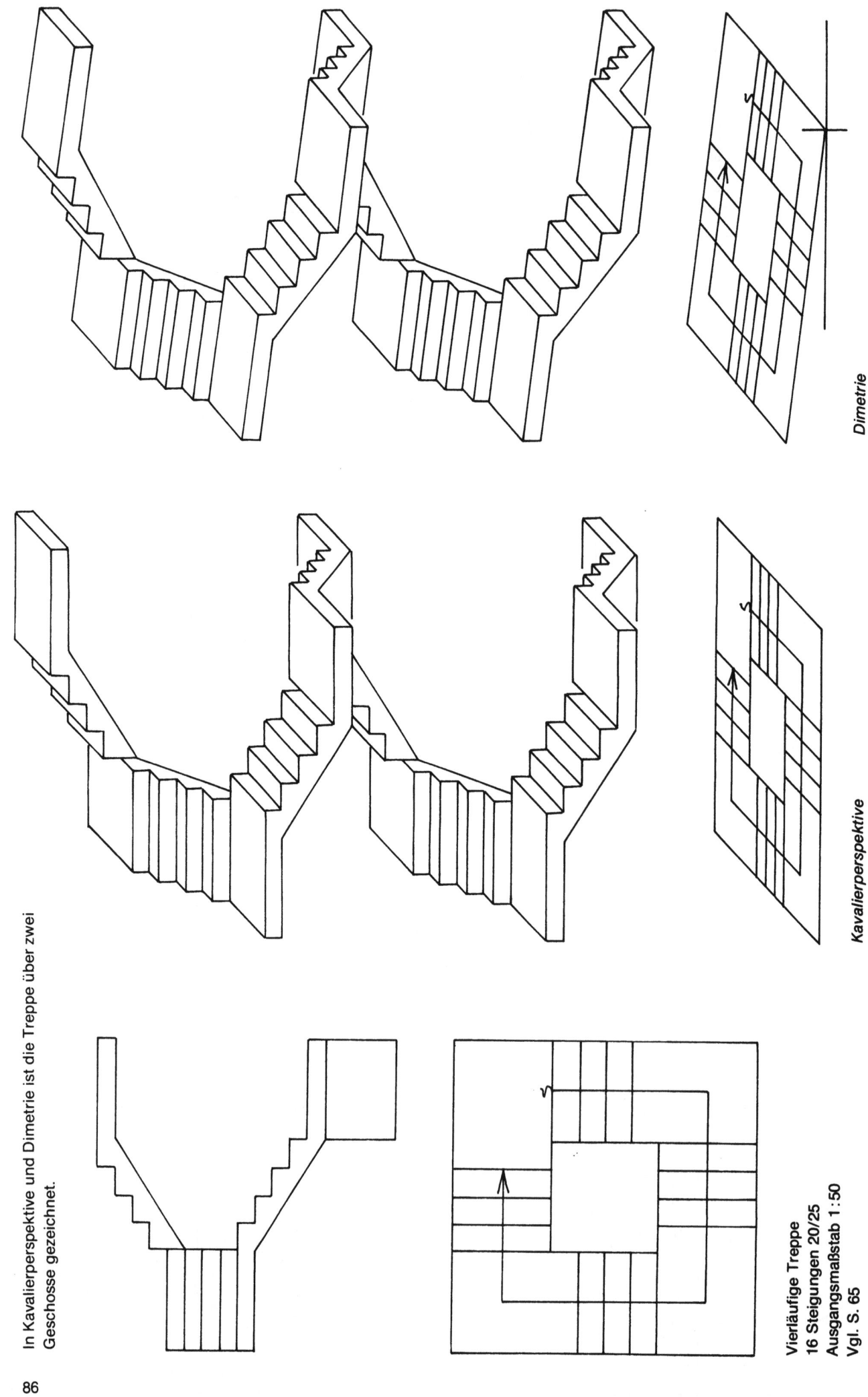

In Kavalierperspektive und Dimetrie ist die Treppe über zwei Geschosse gezeichnet.

Dimetrie

Kavalierperspektive

Vierläufige Treppe
16 Steigungen 20/25
Ausgangsmaßstab 1:50
Vgl. S. 65

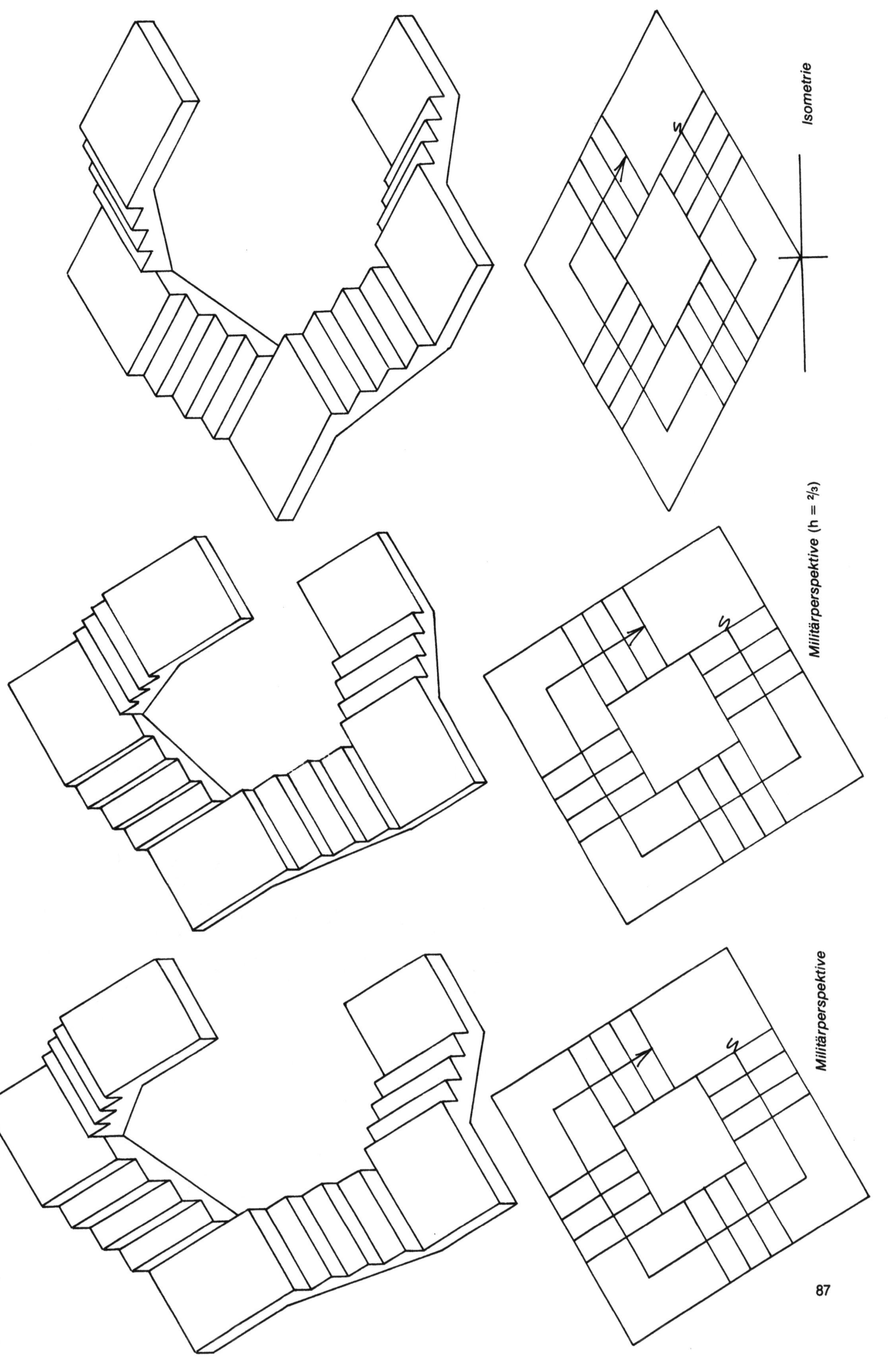

Verwaltungsgebäude
Lever Building (SOM)
Ausgangsmaßstab 1:1000
Vgl. S. 42, 43, 68, 69, 74, 99

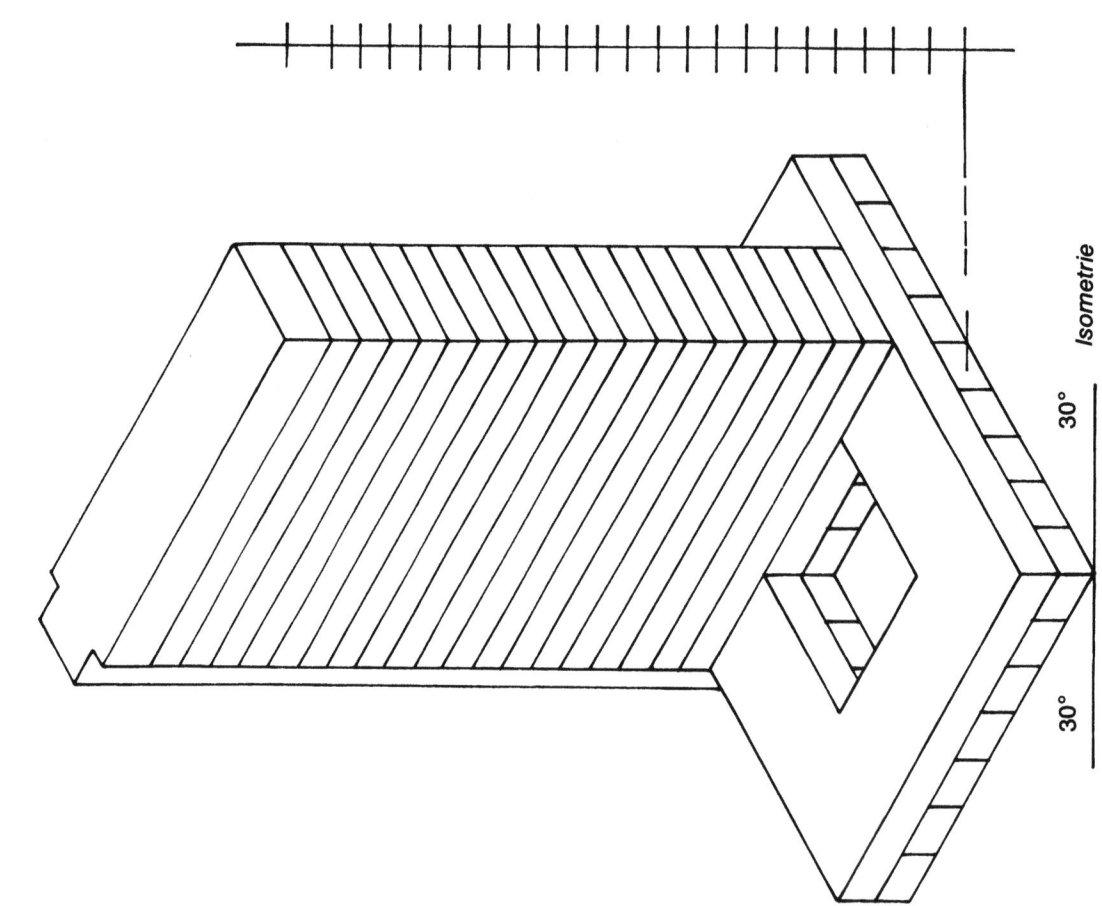

Isometrie

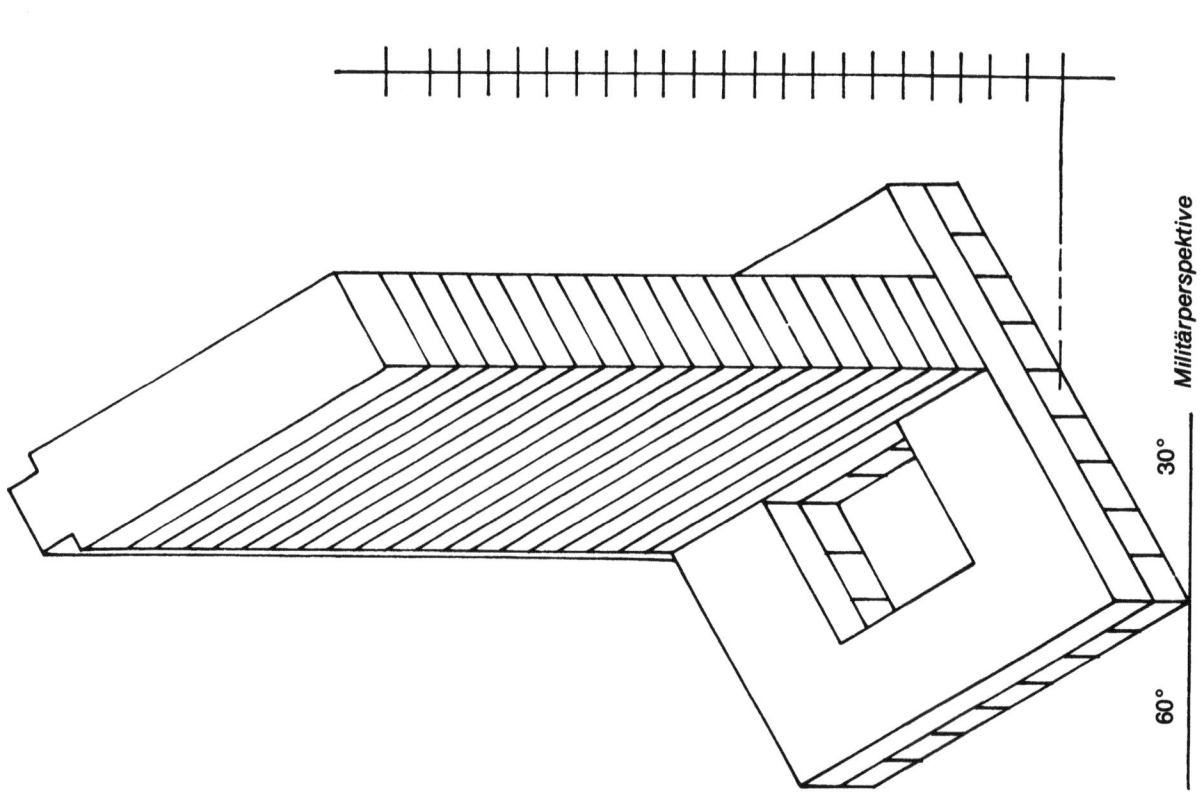

Militärperspektive

3. Zentralsymmetrische Objekte

Dach auf vier Stützen
Ausgangsmaßstab 1:100
Vgl. S. 30, 40, 80, 100

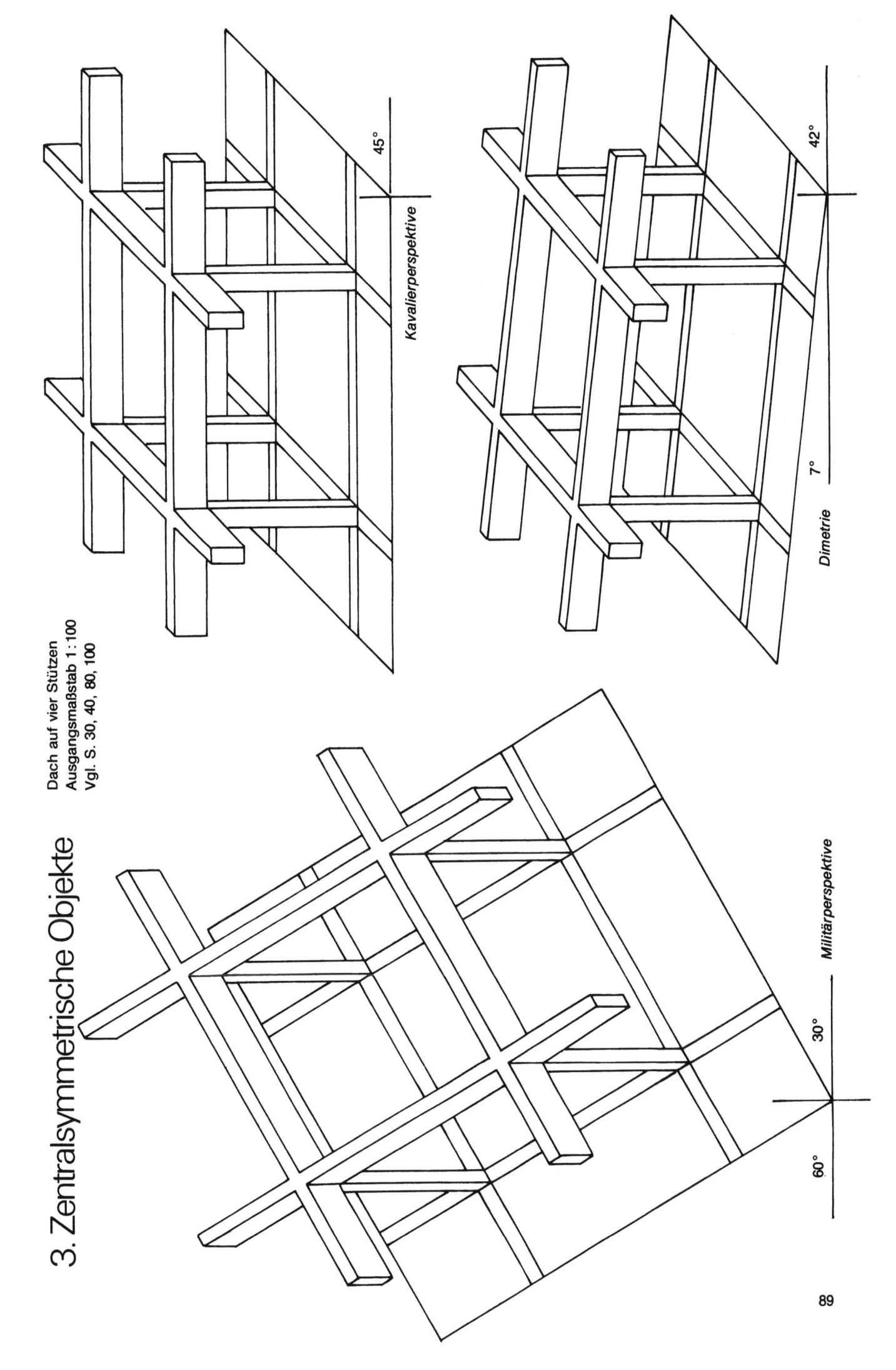

Kavalierperspektive — 45°

Dimetrie — 42°, 7°

Militärperspektive — 30°, 60°

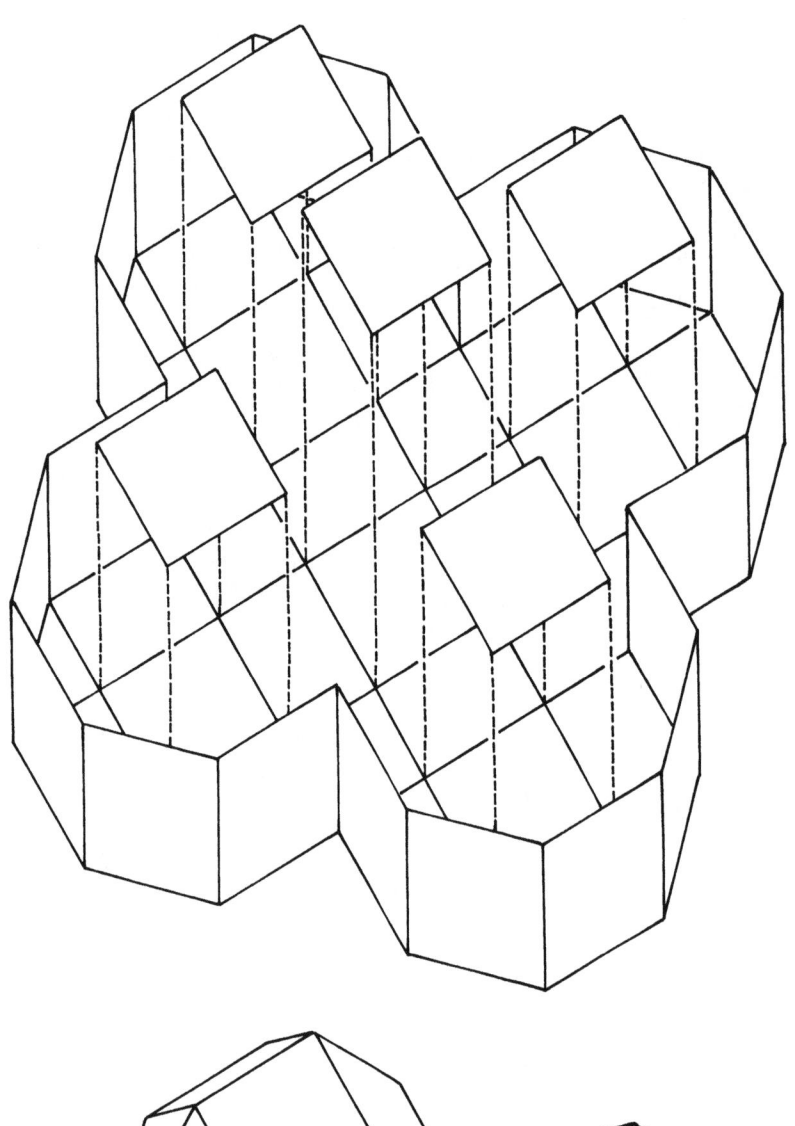

Da alle Axonometrien die abgebildeten Objekte von schräg oben zeigen, eignen sie sich nur für Objekte, deren Bild von schräg oben gesehen interessant ist.
Bei dem Dach auf vier Stützen (S. 89) wäre die schräge Aufsicht nicht sehr ergiebig, daher wurde die Dachplatte abgenommen. Nun ergibt sich ein guter Einblick in die Konstruktion. Der Polyeder-Pavillon (S. 90/91) ist für eine Abbildung von schräg oben besonders geeignet. Hier zeigt sich die Form des Körpers besser als in einer Perspektive aus normaler Aughöhe.

Konstruktionserläuterung zur Militärperspektive.
Das fertige Bild entsteht durch Verbindung der Einzelpunkte.

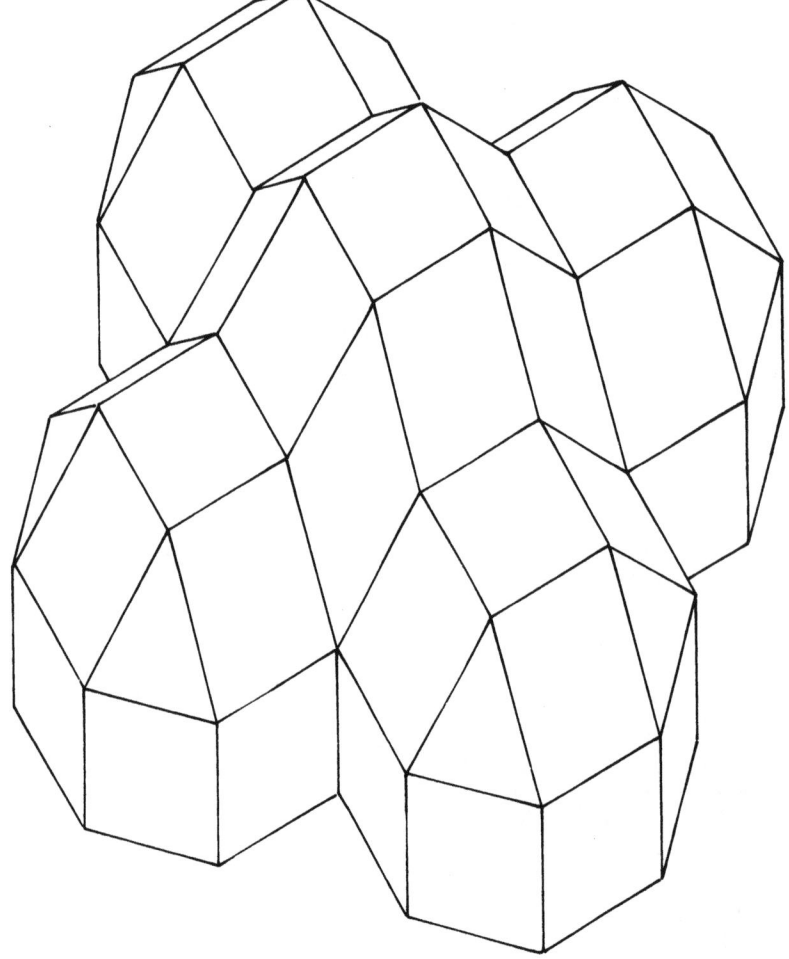

Auf eine isometrische Darstellung wird bei zentralsymmetrischen Objekten verzichtet. Wenn Vorder- und Hinterkante direkt übereinander liegen, wird das Bild entweder kaum ablesbar (s. Würfel) oder wirkt zumindest sehr steif.

Militärperspektive

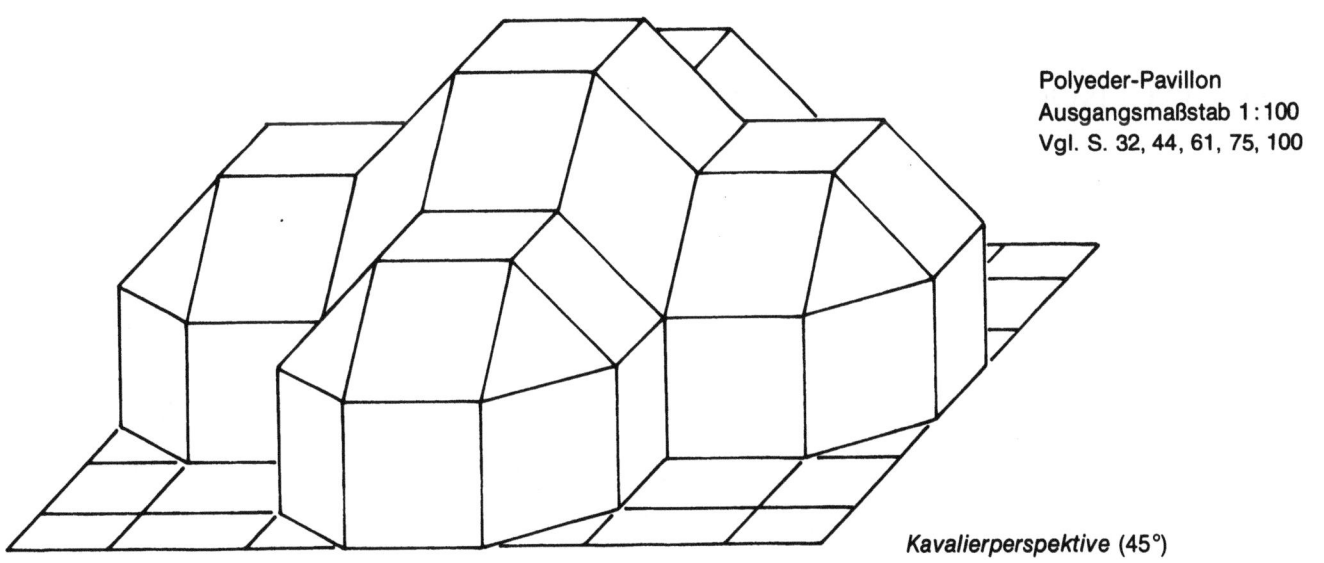

Polyeder-Pavillon
Ausgangsmaßstab 1:100
Vgl. S. 32, 44, 61, 75, 100

Kavalierperspektive (45°)

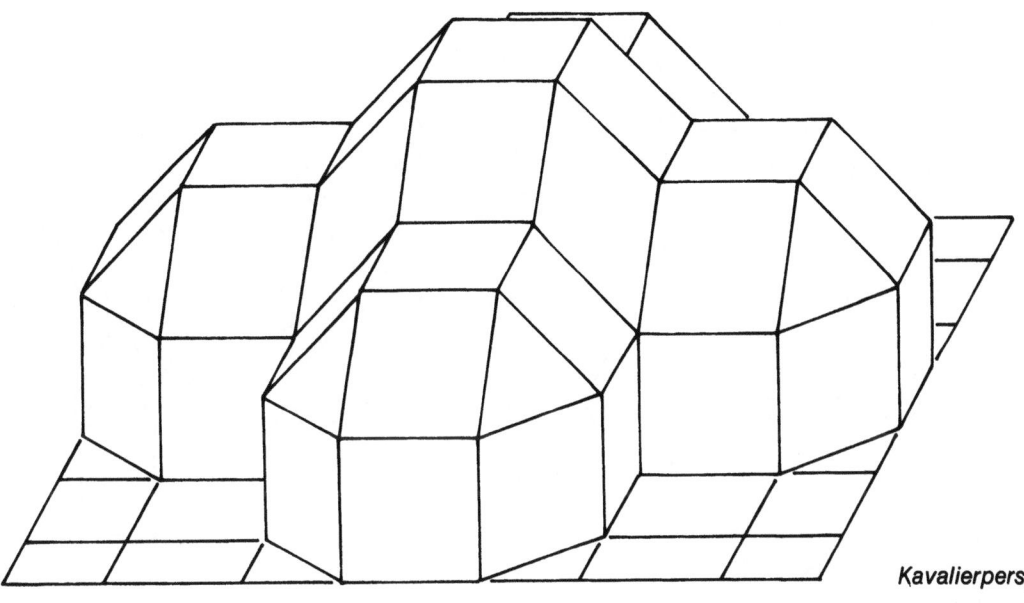

Kavalierperspektive (60°)

In diesem besonderen Fall wird durch den steilen Winkel der Tiefenkanten das Objekt besser ablesbar.
Es erscheinen zuvor nicht sichtbare Dachflächen.

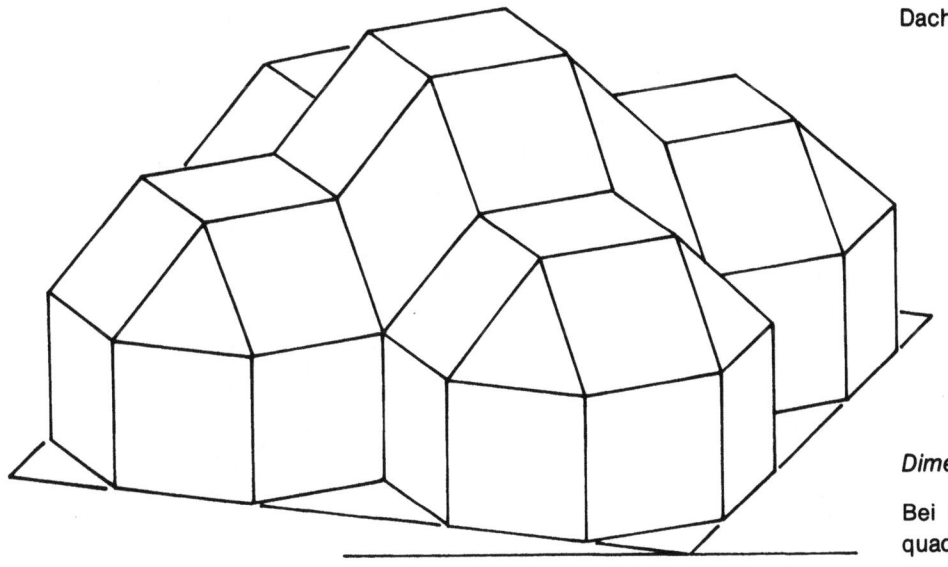

Dimetrie

Bei veränderter Stellung im Grundquadrat.

4. Zwei Konstruktionsmethoden

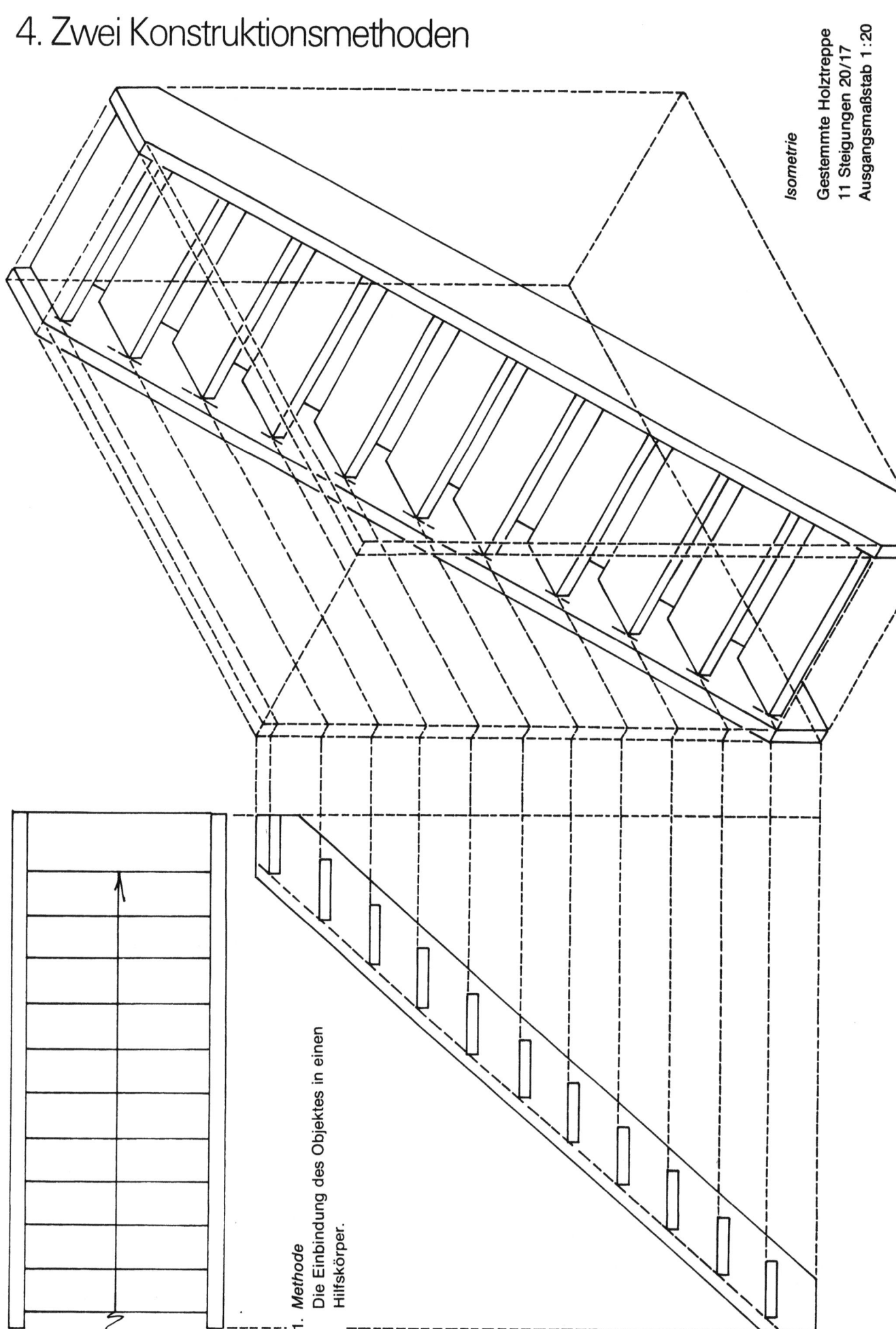

Isometrie
**Gestemmte Holztreppe
11 Steigungen 20/17
Ausgangsmaßstab 1:20**

1. Methode
Die Einbindung des Objektes in einen Hilfskörper.

Um den unverzerrten Grundriß der Wendeltreppe wird ein Quadrat gezeichnet.
Die Stufenkanten werden bis zum Quadrat durchgezogen.

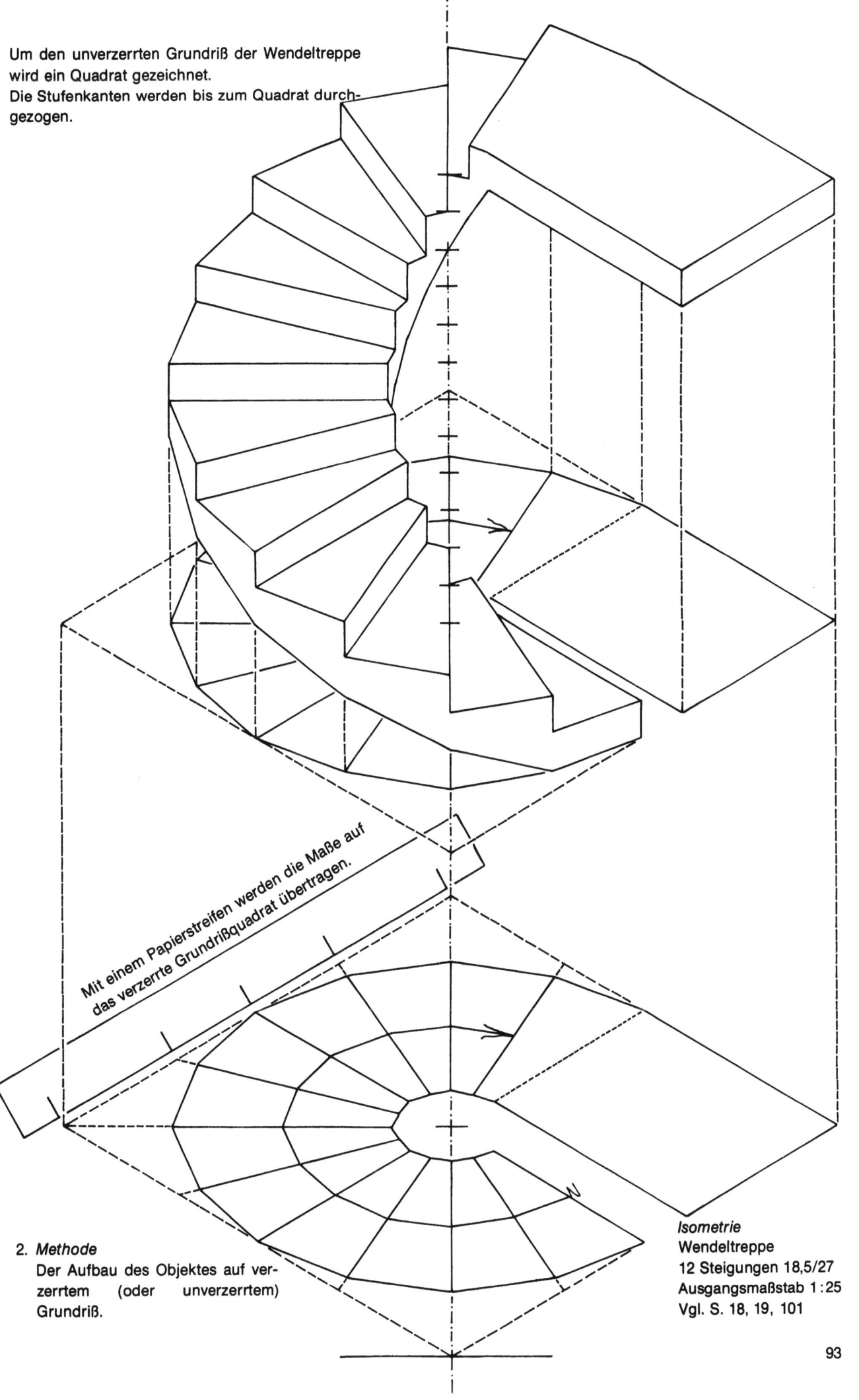

Mit einem Papierstreifen werden die Maße auf das verzerrte Grundrißquadrat übertragen.

2. *Methode*
Der Aufbau des Objektes auf verzerrtem (oder unverzerrtem) Grundriß.

Isometrie
Wendeltreppe
12 Steigungen 18,5/27
Ausgangsmaßstab 1:25
Vgl. S. 18, 19, 101

5. Der Kreis

Würfelgruppe wie auf S. 50
Ausgangsmaßstab 1:50
Kavalierperspektive

Bei nicht rechtwinkligem Grundriß ist die Militärperspektive besonders geeignet, da der Grundriß unverzerrt ins Bild übernommen wird.

Militärperspektive

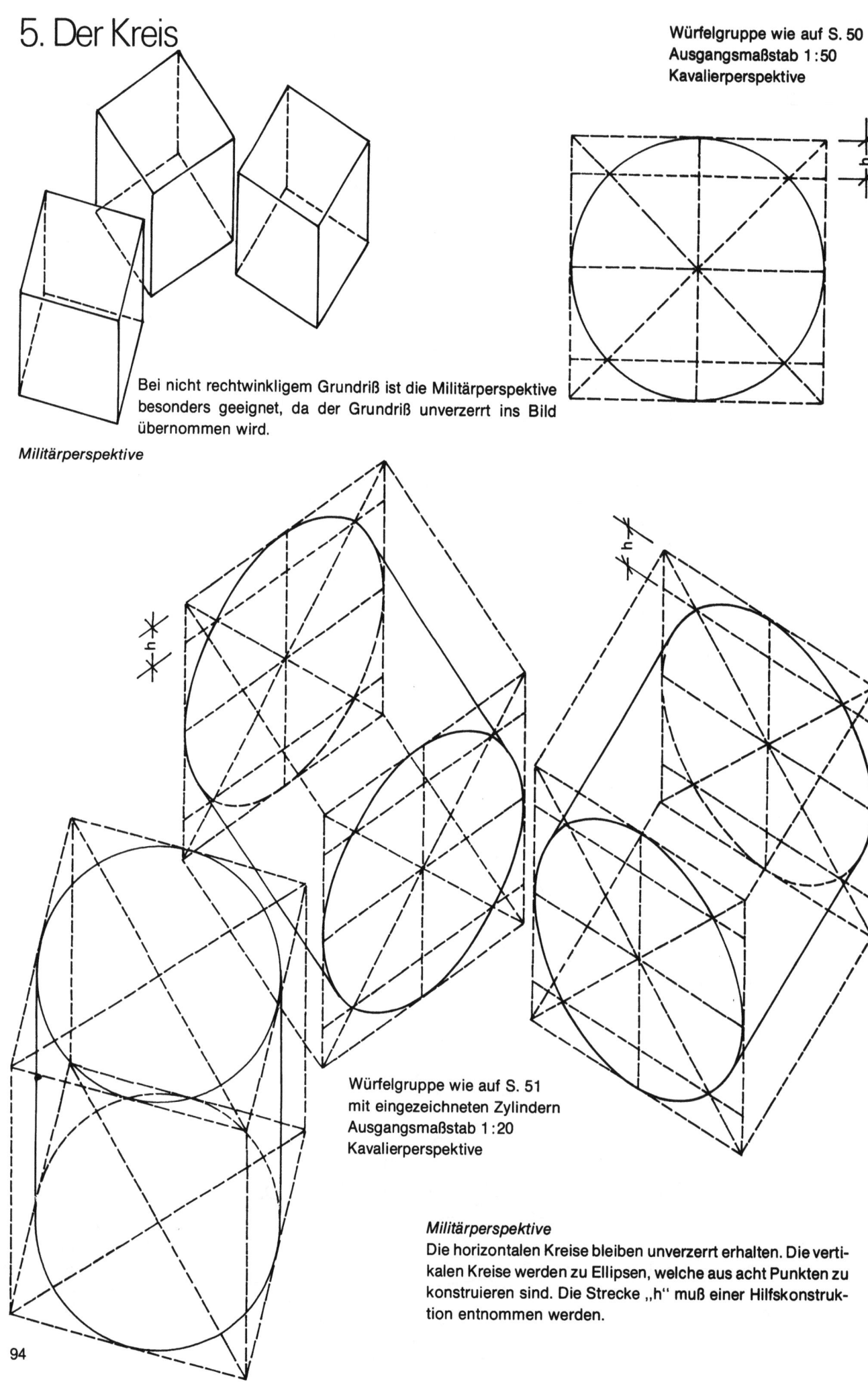

Würfelgruppe wie auf S. 51
mit eingezeichneten Zylindern
Ausgangsmaßstab 1:20
Kavalierperspektive

Militärperspektive
Die horizontalen Kreise bleiben unverzerrt erhalten. Die vertikalen Kreise werden zu Ellipsen, welche aus acht Punkten zu konstruieren sind. Die Strecke „h" muß einer Hilfskonstruktion entnommen werden.

Brücke
Ausgangsmaßstab 1:250
Vgl. S. 45, 47, 48, 101

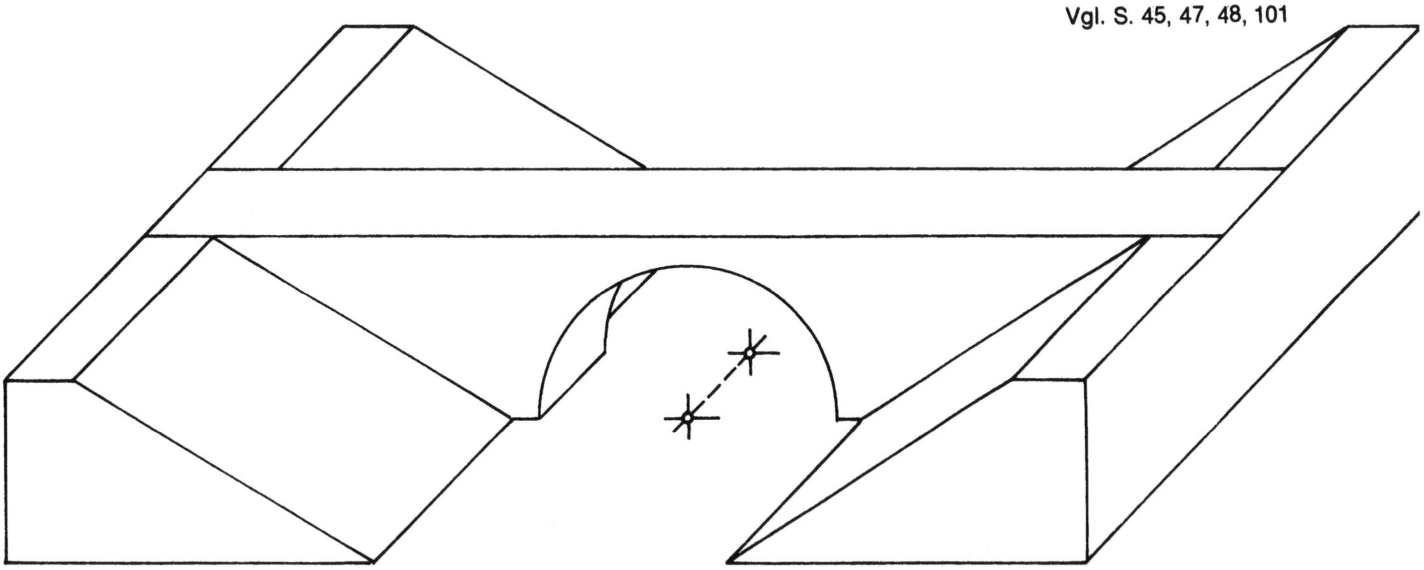

Kavalierperspektive
Hilfskonstruktion zu Ermittlung von „h"

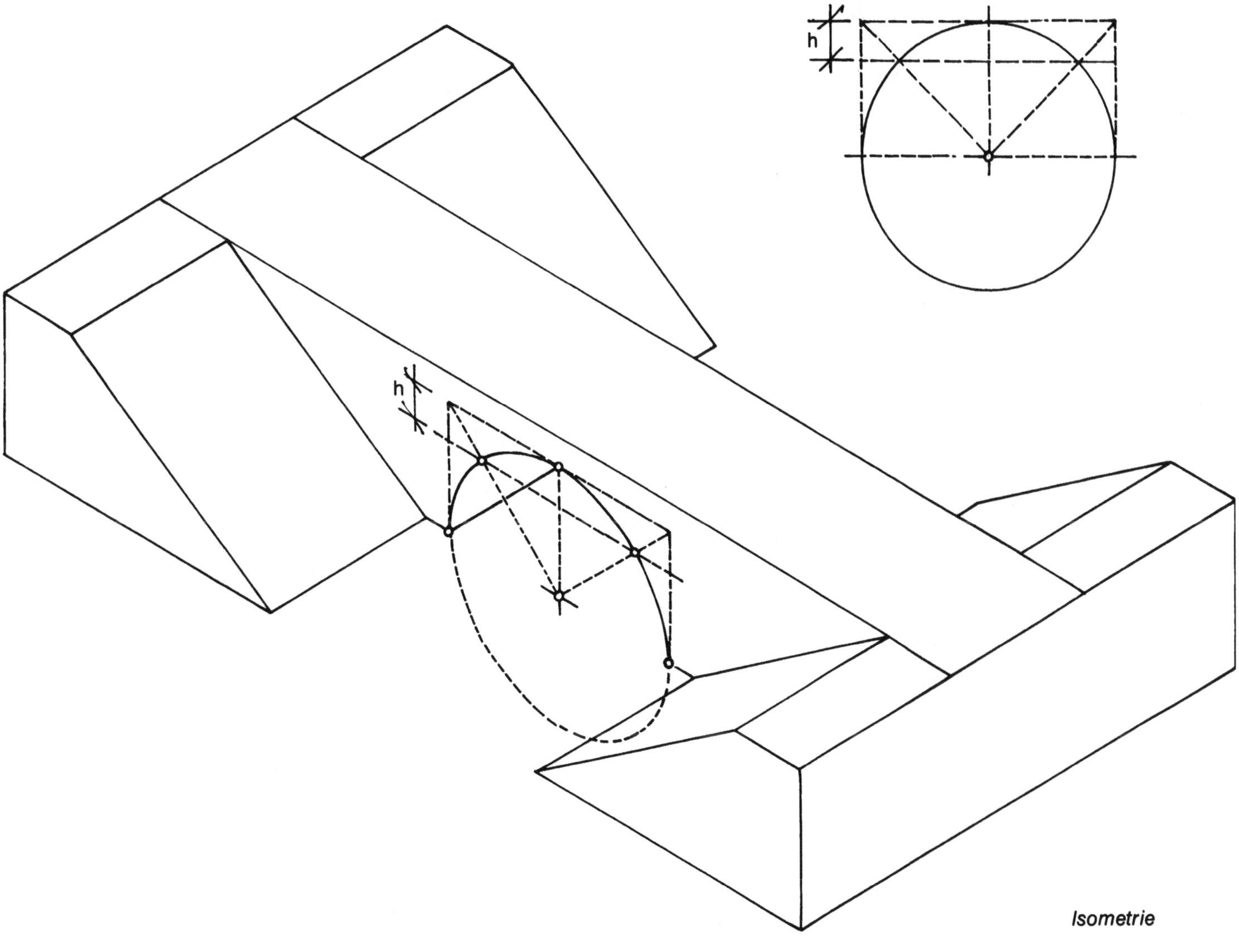

Isometrie

6. Innenraum

Die Wände im Vordergrund werden weggelassen, ebenso die Möbel, welche den Einblick in den Raum stören. Hier z.B. das Bücherregal.

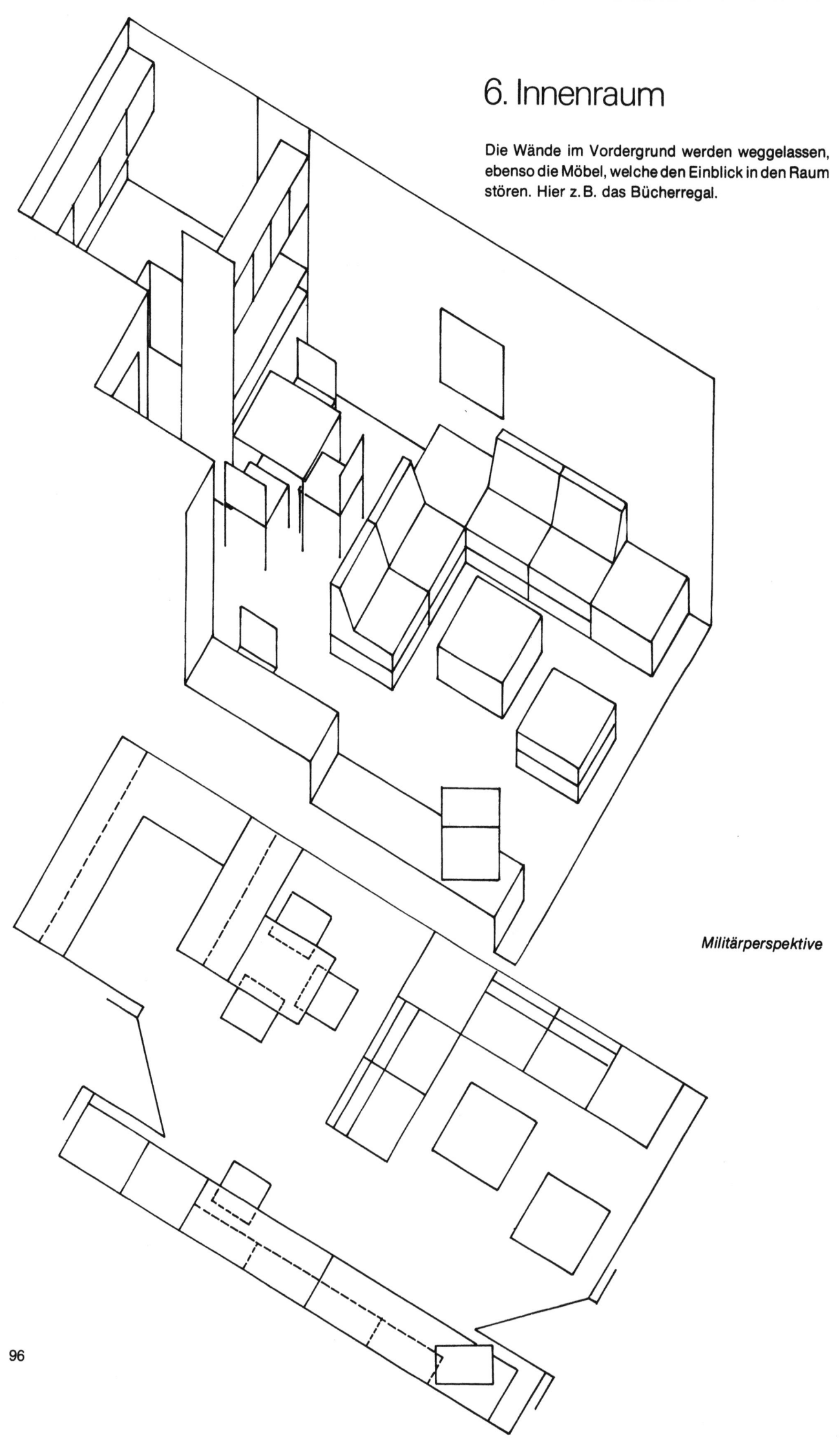

Militärperspektive

Wohnraum
Ausgangsmaßstab 1:50
Vgl. S. 33

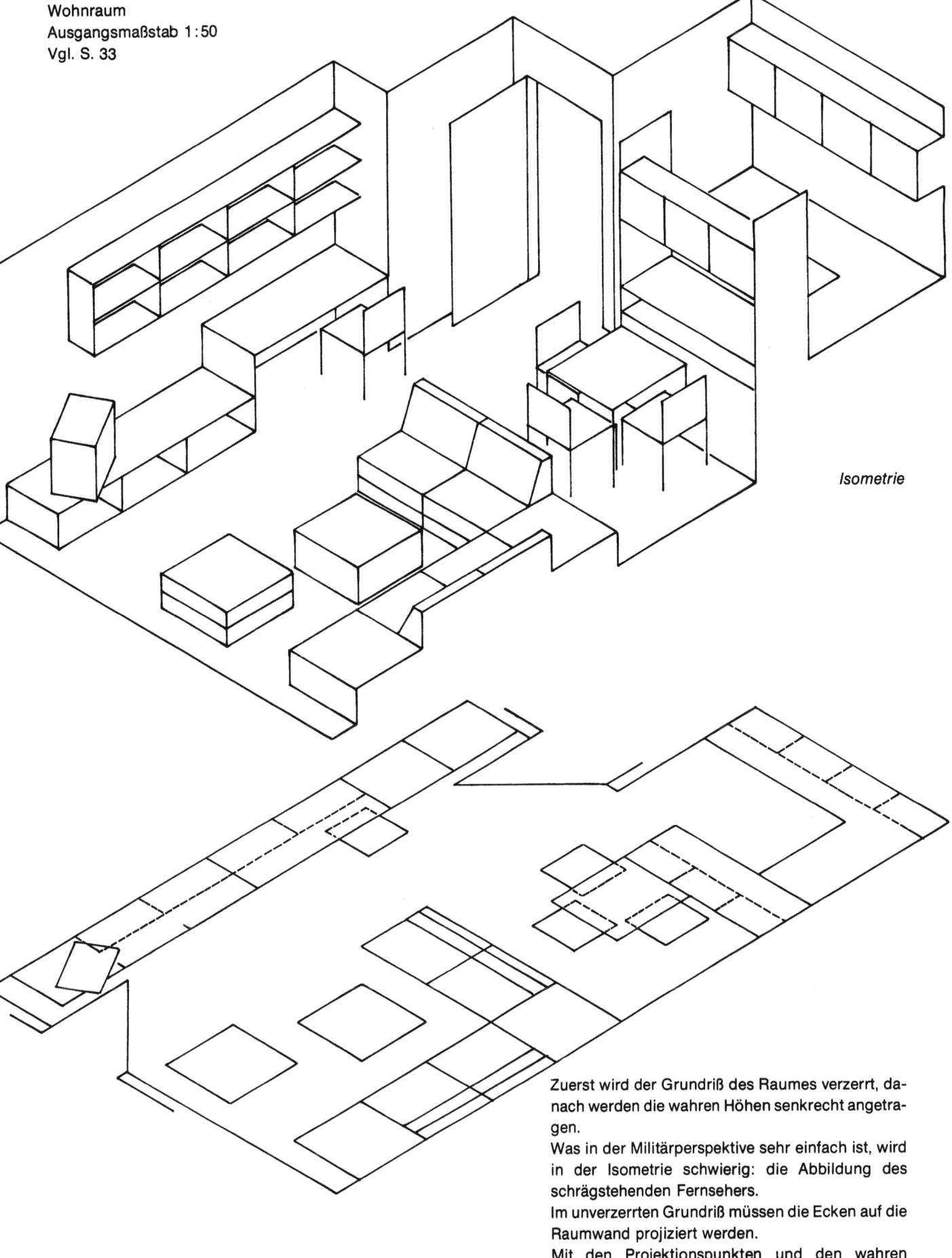

Isometrie

Zuerst wird der Grundriß des Raumes verzerrt, danach werden die wahren Höhen senkrecht angetragen.

Was in der Militärperspektive sehr einfach ist, wird in der Isometrie schwierig: die Abbildung des schrägstehenden Fernsehers.

Im unverzerrten Grundriß müssen die Ecken auf die Raumwand projiziert werden.

Mit den Projektionspunkten und den wahren Wandabständen kann der Fernseher in den verzerrten Grundriß eingezeichnet werden.

7. Schatten

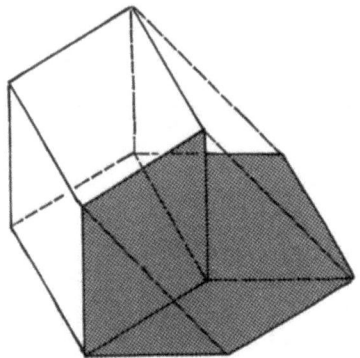

Die Schattenkonstruktion entspricht dem Schatten in der Perspektive bei Sonnenstrahlen parallel zur Bildebene.

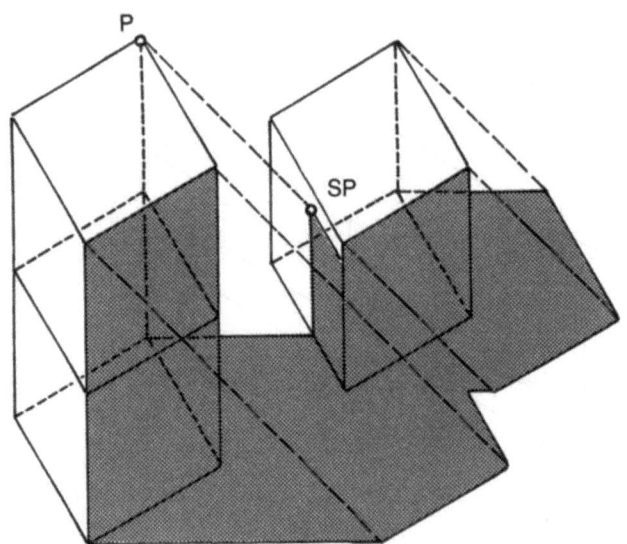

Detail aus der großen Würfelkonfiguration.

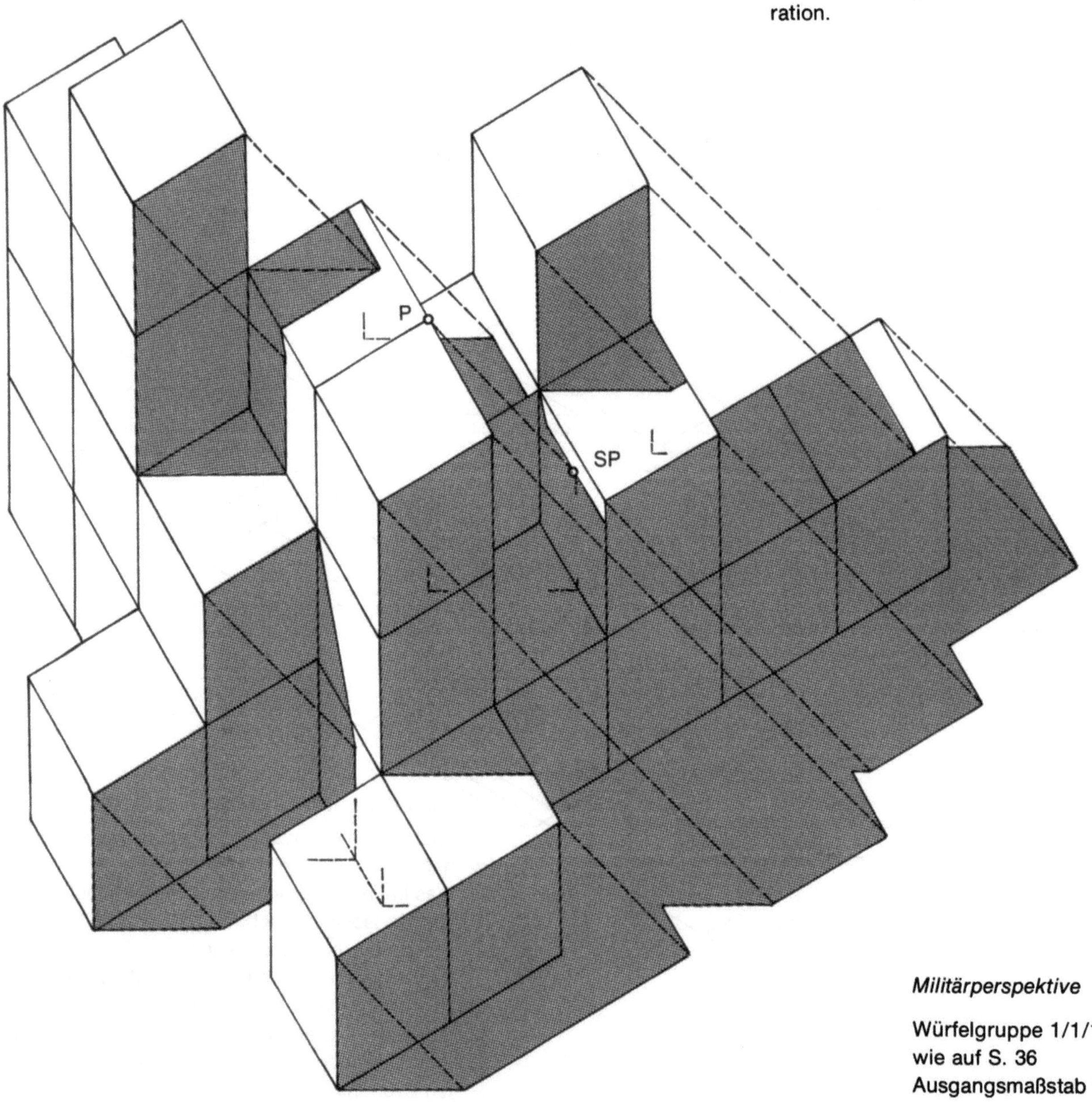

Militärperspektive

Würfelgruppe 1/1/1 m
wie auf S. 36
Ausgangsmaßstab 1:50

Isometrie

Verwaltungsgebäude
Lever Building (SOM)
Ausgangsmaßstab 1:1000
Vgl. S. 42, 43, 68, 69, 74, 88

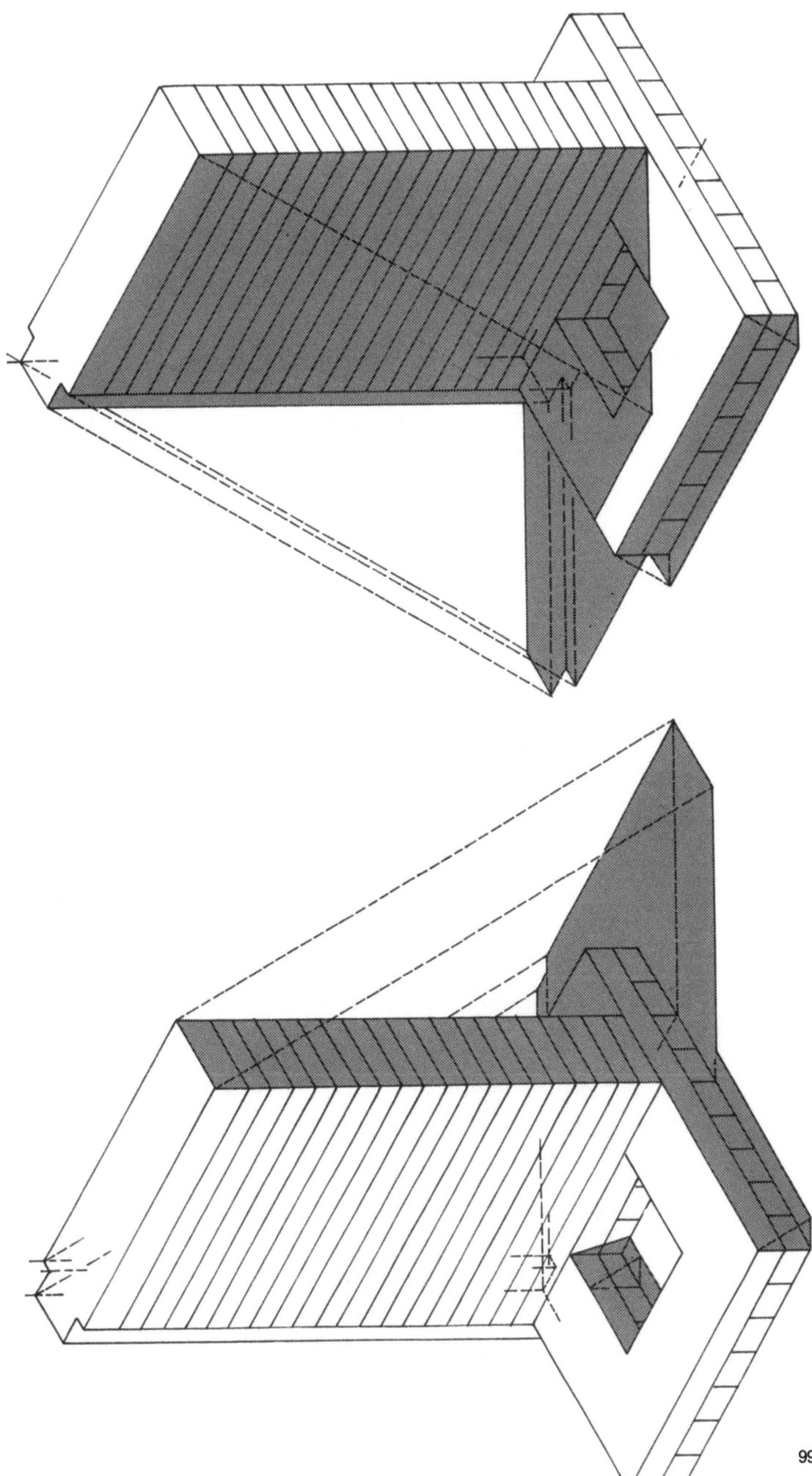

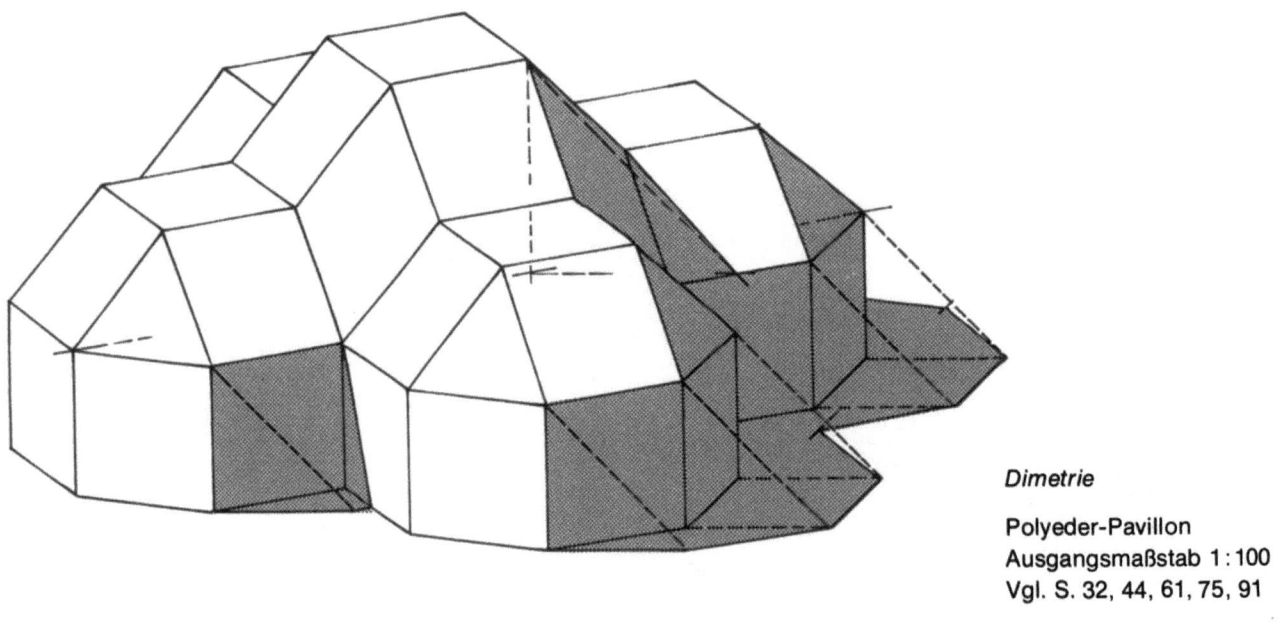

Dimetrie

Polyeder-Pavillon
Ausgangsmaßstab 1:100
Vgl. S. 32, 44, 61, 75, 91

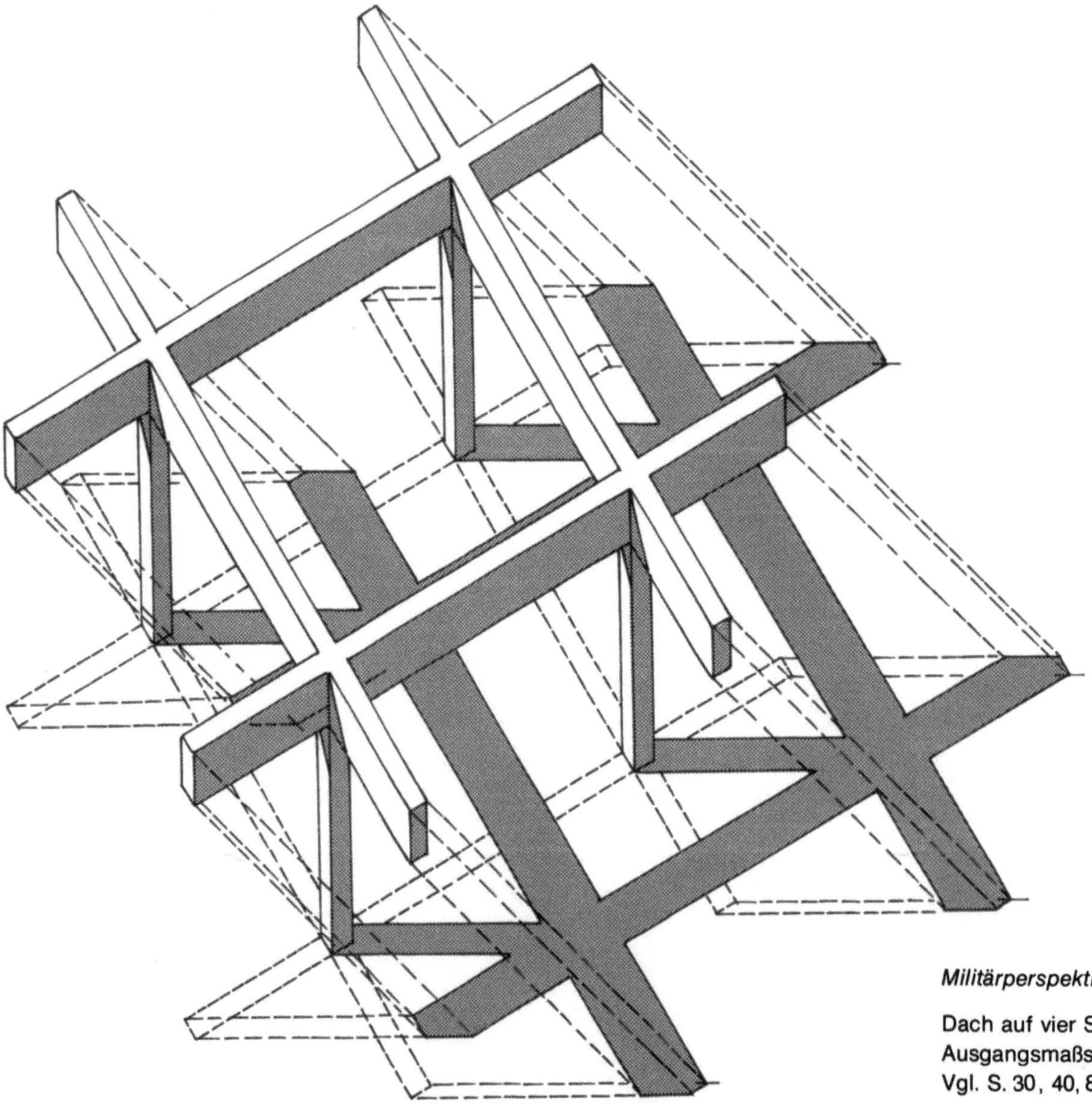

Militärperspektive

Dach auf vier Stützen
Ausgangsmaßstab 1:100
Vgl. S. 30, 40, 80, 89

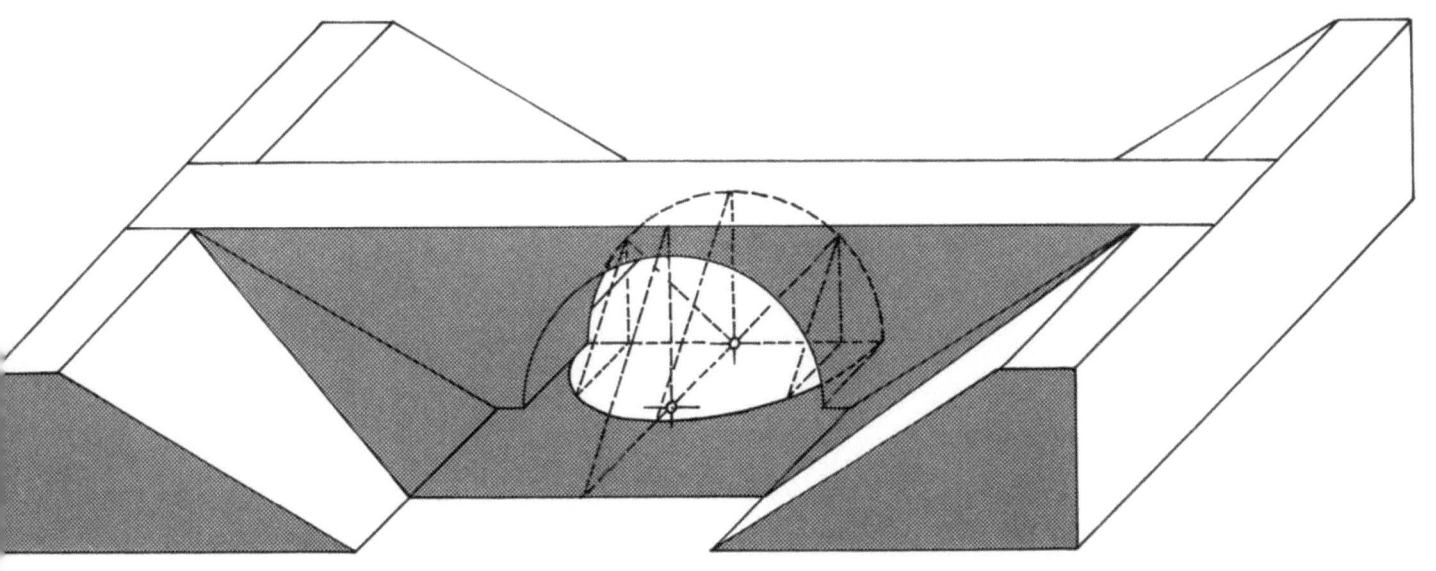

Kavalierperspektive

Brücke
Ausgangsmaßstab 1:250
Vgl. S. 45, 47, 48, 95

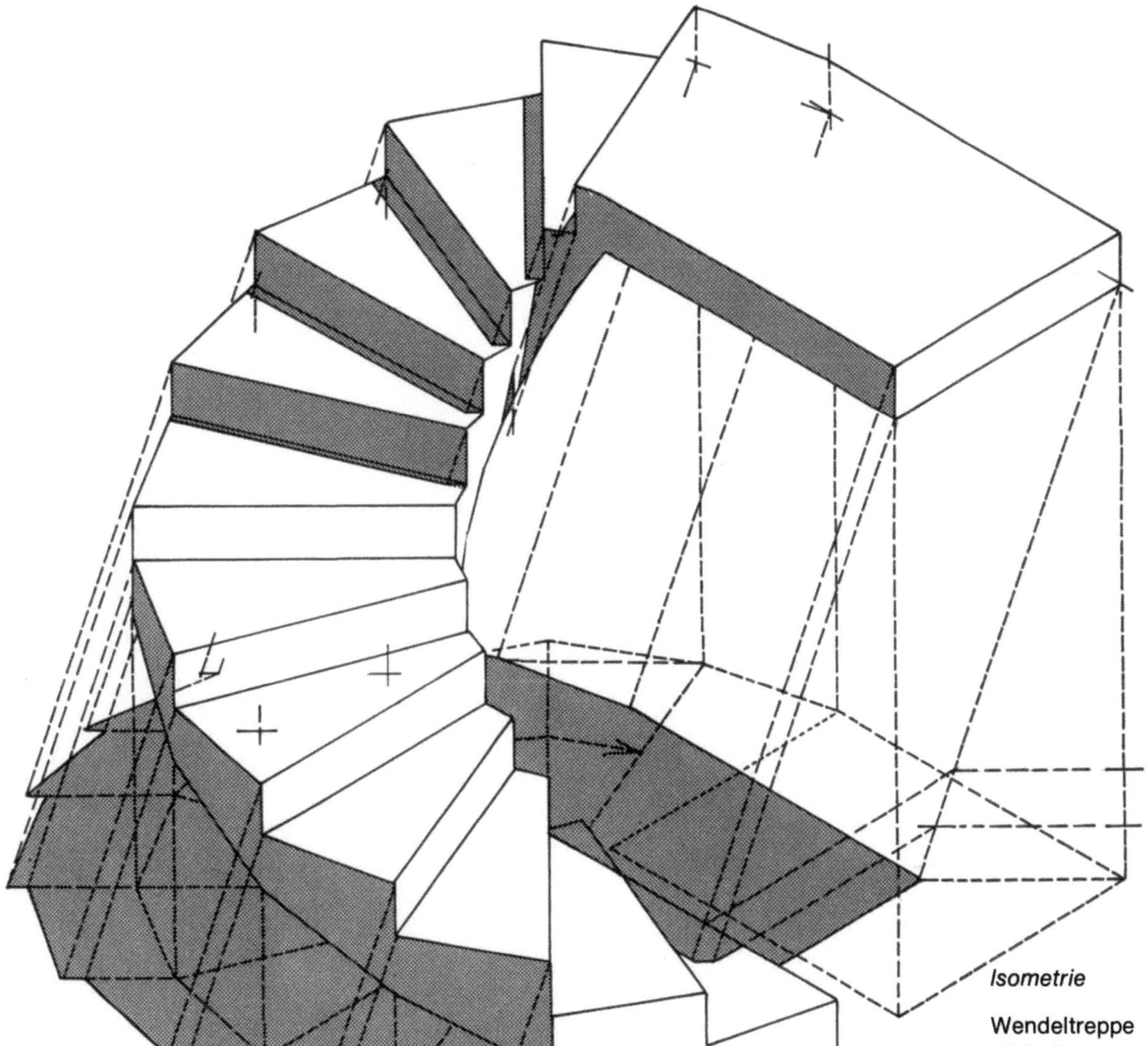

Isometrie

Wendeltreppe
12 Steigungen 18,5/27
Ausgangsmaßstab 1:25
Vgl. S. 18, 19, 95

Verlag für Architektur und Bauwesen

Gernot Störzbach
Architektur zeichnen
Ein Arbeitsbuch zum Selbststudium
2001. 210 Seiten. Fester Einband/Fadenheftung
€ 37,50/DM 73,35
ISBN 3-17-016052-4

Cornelie Leopold
Geometrische Grundlagen der Architekturdarstellung
1999. 268 Seiten mit zahlr. Abb. Kart.
€ 25,–/DM 48,90
ISBN 3-17-015216-5

Die zeichnerische Umsetzung, Darstellung und Präsentation von Entwurfsideen zählt – trotz CAD – immer noch zu den elementaren handwerklichen Voraussetzungen des Architektenberufs. Die zeichnerische Skizze bleibt weiterhin wichtigstes Arbeitsmittel im Entwurfsprozess und bildet die unverwechselbare "Handschrift" des Architekten. Das Buch setzt an bei den elementaren Schwierigkeiten des Anfängers und präsentiert unkompliziert den Vorgang der Bildfindung in seinen Einzelschritten: Andenken/Anskizzieren – Konzipieren/Konstruieren – Komplettieren/Präsentieren. Angesprochen werden dabei Beispiele aus der komplexen Tätigkeit des Architekten, ob als Gesamtobjekt oder Detail oder auch in der Einbeziehung der Natur. Indem das Buch die ganze Vielfalt der perspektivischen Darstellung, ihre Möglichkeiten und Alternativen auffächert, bietet es auch für Fortgeschrittene Anregung zur fachlichen Weiterbildung

Prof. Dipl.-Ing. Gernot Störzbach lehrte an der Universität-Gesamthochschule Paderborn Baukonstruktion und Darstellungstechnik.

Für die Architektur und ihre Darstellung bildet die Geometrie eine wichtige Voraussetzung innerhalb des Entwurfs- und Kommunikationsprozesses.
Dieses Buch führt in die geometrischen Grundlagen der Architekturdarstellung in didaktisch erprobter Weise ein und wendet sich insbesondere an Studierende der Architektur, des Bauingenieurwesens, der Stadt- und Raumplanung sowie an alle, die im Bereich des Planens und Bauens tätig sind. Durch die Art der Darstellung wird das Ziel verfolgt, räumliche Vorstellungsfähigkeit und räumliches Denken zu unterstützen. Fotos von gebauter Architektur und Architekturzeichnungen verdeutlichen die Zusammenhänge und weisen auf mögliche Anwendungsbereiche hin.

Die Autorin: Cornelie Leopold lehrt Darstellende Geometrie und Perspektive an der Universität Kaiserslautern im Fachbereich Architektur, Raum- und Umweltplanung, Bauingenieurwesen.

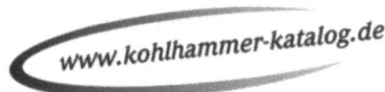

Kohlhammer

W. Kohlhammer GmbH · 70549 Stuttgart · Tel. **0711/78 63 - 7280** · Fax **0711/78 63 - 8430**

VERLAG FÜR ARCHITEKTUR UND BAUWESEN

Jan Cejka
Darstellungstechniken in der Architektur
3. Auflage. 1999
214 Seiten mit zahlr. Abb.
Fester Einband/Fadenheftung
€ 35,–/DM 68,45
ISBN 3-17-015554-7

Dieses Handbuch ist ein Kompendium sowohl der gängigen als auch der weniger bekannten architektonischen Darstellungstechniken. Das Buch stellt in anschaulichen Bildsequenzen und Beschreibungen die verschiedenen Techniken vor: Bleistiftzeichnung, Tuschezeichnung, Buntstiftzeichnung, Filzstiftzeichnung, Aquarell, Deckfarbenzeichnung, Spritzpistolentechnik und einige Mischtechniken. Praktische Übungen gehen detailliert auf die Besonderheiten der Architekturdarstellung ein. Sie helfen, sich in diese Techniken einzuarbeiten. Das Buch ist eine praxisorientierte Hilfe für alle, die sich mit der Darstellung in der Architektur befassen.

Das Buch geht einleitend zunächst auf die kulturell bedeutsamen Funktionen der Treppe in der Architekturgeschichte ein. Die Darstellung zeigt dann, wie sich in Abhängigkeit von Baumaterialien, verfügbarer Technik und architektonischem Programm zahllose Variationen und Kombinationen von Treppentypen entfalten. Deutlich wird, wie schließlich Eisen und Stahlbeton, heute zunehmend Aluminium, Glas oder Kunststoffe als Konstruktionsmaterialien auch die Entwürfe von Treppen revolutioniert haben und zu einer kaum mehr übersehbaren Fülle immer öfter entmaterialisierter individueller Lösungen führten. Nach einem Überblick über die konstruktiven Möglichkeiten der unterschiedlichen Materialien im Treppenbau widmet sich das Buch der Eingliederung von Treppen in den Organismus unterschiedlicher Gebäudetypen: Wohnhäuser, Industriebauten, Einkaufs- und Ausstellungsgebäude, Büro- und Öffentliche Gebäude, bei denen der barrierefreie Zugang heute eine wesentliche Anforderung an die Erschließung stellt.

José Manuel Ordàs
Treppen
Material, Konstruktion, Gestaltung
Aus dem Spanischen
von Laila Neubert-Mader
240 Seiten mit
Ca. 400 Farbabb. Ln.
€ 81,70/DM 159,80
ISBN 3-17-017008-2

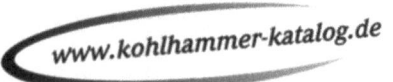

Kohlhammer

W. Kohlhammer GmbH · 70549 Stuttgart · Tel. **0711/78 63 - 7280** · Fax **0711/78 63 - 8430**

If you have any concerns about our products,
you can contact us on
ProductSafety@springernature.com

In case Publisher is established outside the EU,
the EU authorized representative is:
**Springer Nature Customer Service Center GmbH
Europaplatz 3, 69115 Heidelberg, Germany**

Printed by Libri Plureos GmbH
in Hamburg, Germany